Vom Hören, Schmecken und Riechen

Autoren:
Prof. Volkmar Dietrich
Barbara Hermes
Thilo Krauß

Herausgeber: Prof. V. Dietrich, Prof. R. Erb

Redaktion: Henry Dölitzsch

Illustration: Karl-Heinz Wieland
Grafik: Rainer Götze
Umschlaggestaltung: Corinna Babylon
Layoutkonzept: Maren von Stockhausen
Layout und technische Umsetzung: Wladimir Perlin

www.cornelsen.de

1. Auflage, 1. Druck 2012

Alle Drucke dieser Auflage sind inhaltlich unverändert und können im Unterricht
nebeneinander verwendet werden.

Druck: CS-Druck CornelsenStürtz, Berlin

 Inhalt gedruckt auf säurefreiem Papier aus nachhaltiger Forstwirtschaft.

Inhaltsverzeichnis

1 Sinnesorgane sind Fenster zur Welt → 6
Experimente → 7
Aufgaben → 7
Reize, Rezeptoren und Informationen → 8

2 Hören mit Ohr und Gehirn → 10
Experimente → 11
Projekt → 14
Aufgaben → 16
Was schnell genug schwingt, klingt → 17
Ultraschall und Infraschall → 18
Das Ohr des Menschen → 19
Die Ohren sind empfindlich → 21
Wie man Schall misst → 22
Das Gehirn bestimmt (mit), was wir hören → 23
Das Lärmometer → 25

3 Stimmen sind verschieden → 26
Experimente → 27
Aufgaben → 27
Stimmanalyse überführte Entführer → 28
Wie die menschliche Stimme entsteht → 29
Wie Tiere sich verständigen → 30

4 Aus Tönen wird Musik → 34
Experimente → 35
Aufgaben → 36
Töne – Klänge – Geräusche → 37
Musikinstrumente → 37
Tonhöhe und Größe der Schallquelle → 39
Offene und gedackte Pfeifen → 42
Musikinstrumente selbst bauen → 43
Cajón-Spielen → 46

5 Vom Schmecken und Riechen → 48
Experimente → 49
Aufgaben → 51
Die Zunge entscheidet
    über den Geschmack → 53
Die Nase und das Riechvermögen → 55
Geruch und Geschmack
    arbeiten oft zusammen → 57
Wie gelangen die Informationen
    zum Gehirn? → 57
Verarbeitung der Informationen im Gehirn → 58
Der scharfe „Geschmack" → 59
Duftstoffe steuern unser Verhalten → 60
Anosmie – wenn man nichts mehr riechen
    kann → 61

6 Besondere Leistungen der chemischen
  Sinne im Tierreich → 62
Aufgaben → 63
Die feine Nase des Hundes → 65
Die chemischen Sinne der Insekten → 66
Pheromone bei den sozialen Insekten → 67
Zu den Toten kommt der Totengräber … → 68
Der Duft des Blutes → 69

7 Düfte und Geschmacksstoffe → 70
Experimente → 71
Aufgaben → 72
Projekt → 73
Das Aroma in unseren Lebensmitteln → 74
Die Geschmacks- und Duftstoffe
    in unseren Produkten → 74
Geschmacksverstärker → 75
Geschmack und Ernährung → 76
Die Welt der Düfte → 77

Register → 79

Vom Hören, Schmecken und Riechen

*Eine Stunde ist nicht nur eine Stunde;
sie ist ein mit Düften, mit Tönen,
mit Plänen und Klimaten angefülltes
Gefäß. Was wir Wirklichkeit nennen,
ist eine bestimmte Beziehung zwischen
Empfindungen und Erinnerungen.*

Marcel Proust (1871–1922), franz. Schriftsteller

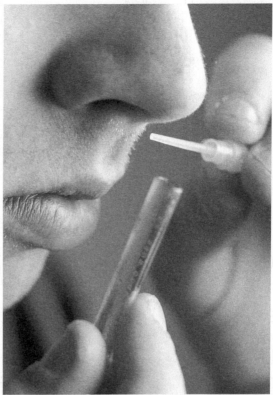

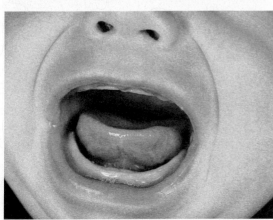

1 Sinnesorgane sind Fenster zur Welt

Wir nehmen aus unserer Umwelt ständig Informationen und Reize auf. Diese werden von den Sinnesorganen zum Gehirn weitergeleitet. Dort werden die ankommenden Signale verarbeitet und gespeichert. Aber nicht alle Reize werden wahrgenommen und nicht jede Information ist bedeutsam für unser Verhalten. Wie können wir feststellen, ob diese Informationen wirklich unser Verhalten verändern und welche Reize wahrgenommen werden oder besonders bedeutsam sind?

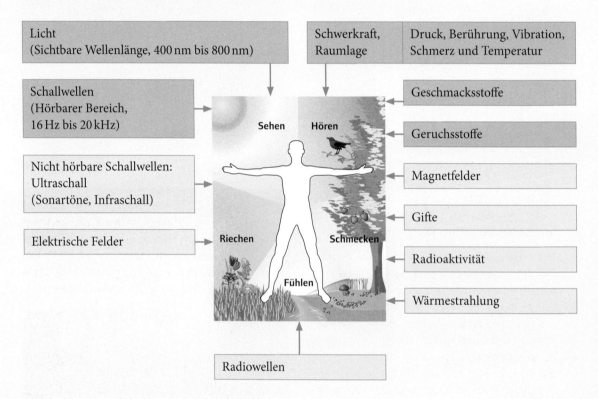

Licht
(Sichtbare Wellenlänge, 400 nm bis 800 nm)

Schallwellen
(Hörbarer Bereich,
16 Hz bis 20 kHz)

Nicht hörbare Schallwellen:
Ultraschall
(Sonartöne, Infraschall)

Elektrische Felder

Schwerkraft, Raumlage

Druck, Berührung, Vibration, Schmerz und Temperatur

Geschmacksstoffe

Geruchsstoffe

Magnetfelder

Gifte

Radioaktivität

Wärmestrahlung

Sehen   Hören

Riechen   Schmecken

Fühlen

Radiowellen

» *Warum sind manche Reize wichtig?*

» *Warum nehmen wir bestimmte Informationen gar nicht wahr?*

» *Wie gelangen die Informationen in unser Gehirn?*

» *Welche Faktoren beeinflussen unsere Wahrnehmung?*

❶ Reize und Wahrnehmung

Viele Reize lösen beim Menschen eine entsprechende Wahrnehmung aus. Doch nicht alle Reize passen zu unseren Sinnesorganen. Finde heraus, wie der passende Reiz mit der Wahrnehmung verbunden wird.

Verbinde deinem Partner die Augen. Führe dann verschiedene und ungefährliche Reizquellen immer näher an seinen bloßen Unterarm heran (z. B. Schreibtischlampe, Eiswürfel, Handy …). Zeige an diesen Beispielen, was man unter passenden Reizen versteht.

🪶 Aufgaben

❶ Nenne die Sinnesorgane des Menschen und ordne zu, welche Informationen sie uns jeweils liefern. Mit welchen physikalischen Größen lassen sich die Informationen jeweils beschreiben?

❷ Gelegentlich fallen Sinnesorgane teilweise oder ganz aus. Informiere dich und stelle in einer Tabelle mögliche Störungen, deren Ursachen sowie die Folgen für den Betroffenen zusammen.

❸ Nenne Sinnesorgane bei Tieren, die der Mensch nicht hat.

❹ Recherchiere, welche Organismen Umwelteinflüsse wahrnehmen können, die der Mensch nicht registrieren kann. Überlege, welche Vorteile es bringt, bestimmte Reize wahrzunehmen.

❺ Sicher hast du schon erlebt, dass du Dinge in deiner Umwelt nicht immer gleich wahrnimmst. Manchmal übersieht oder überhört man Dinge völlig, die man in anderen Situationen ohne Mühe wahrnimmt. Überlege, woran es liegen kann, dass deine Wahrnehmung je nach Situation unterschiedlich ist. Stelle die Grenzen der menschlichen Wahrnehmung zusammen. Welche dieser Grenzen hängt von den Sinnesorganen, welche vom Nervensystem ab?

❻ Schaue dir Bild [→ 1] an. Beschreibe deine Wahrnehmung. Welches Problem ergibt sich daraus?

❼ Recherchiere zu den Begriffen: Shepard-Effekt, McGurk-Effekt, Agathe-Bauer-Songs. Präsentiere die Ergebnisse deiner Recherche in geeigneter Form.

❽ Im Lauf der Evolution hat der Mensch nicht für jeden Umwelteinfluss ein Sinnesorgan entwickelt. Erläutere an einem Beispiel, ob das ein Vor- oder Nachteil für den heutigen Menschen ist.

❾ Führe mit deinen Mitschülern eine Recherche zum Thema „Schädliche Umwelteinflüsse" durch. Zeige dabei, welche Einflüsse wir nicht oder nur indirekt wahrnehmen können. Erstelle mit deinen Mitschülern eine Wandzeitung.

❿ Nach Umweltkatastrophen (z. B. Erdbeben, Vulkanausbrüchen) berichten Augenzeugen oft, dass Tiere bereits vor dem Ereignis mit Aufregung oder Flucht reagiert haben. Recherchiere, ob sich diese Angaben belegen lassen. Überlege, ob Tiere tatsächlich einen sprichwörtlichen „6. Sinn" besitzen und welche weiteren Faktoren an diesem Verhalten beteiligt sein könnten.

→ 1 Optische Täuschung

Reize, Rezeptoren und Informationen

Reizaufnahme und Informationsverarbeitung • Ständig wirken aus der Umwelt verschiedene Signale und Reize auf unseren Körper ein. Diejenigen, die wir mit unseren Sinnesorganen wahrnehmen können, bezeichnen wir als passende Reize. Reize aus der Umwelt sind sehr vielfältig, können jedoch auf eine überschaubare Zahl physikalischer Größen reduziert werden: Licht, Schall, Druck und Temperatur können wir Menschen unterscheiden. Ein bestimmter Reiz wird immer mit einem spezialisierten Rezeptor aufgenommen: Sehzellen reagieren nur auf Licht, Hörzellen nur auf Schallwellen. [→ ❶]

Alle Rezeptoren geben ihre Information in Form von elektrischen und chemischen Signalen weiter. Da zu jeder Zeit eine Vielzahl von Reizen auf die Lebewesen einwirkt, müssen diese Informationen sinnvoll gefiltert und gespeichert werden.

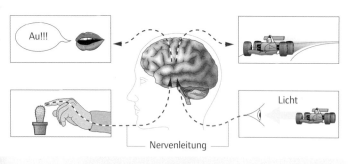

→ 1 Informationsverarbeitung

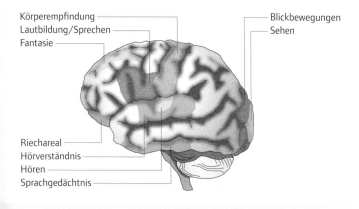

→ 2 Assoziationsfelder

Der Reiz muss zum Rezeptor passen • Voraussetzung für die Erregung einer Sinneszelle ist, dass die *Reizstärke* hoch genug ist, um eine (elektrische) Veränderung in der Sinneszelle zu bewirken. Bei der Weiterleitung der Erregung zum Gehirn müssen Reizstärke und Reizart verschlüsselt werden.

Die Reizstärke lässt sich verschlüsseln, indem die Nervenzelle bei starker Erregung mehr Impulse pro Zeiteinheit weiterleitet oder mehr Nervenzellen erregt werden. Wie aber wird die verschlüsselte Information wieder dem richtigen Sinnesorgan zugeordnet? [→ 2]

Hierzu gibt es im Gehirn verschiedene *Assoziationsfelder*, die jeweils für bestimmte Sinneseindrücke zuständig sind. Kommt die Information von den Sehzellen, so wird sie über den Sehnerv in das Sehzentrum weitergeleitet. Alles, was über den Sehnerv im Gehirn ankommt, wird als Seheindruck wahrgenommen. Deshalb entsteht bei einem Schlag auf das Auge ein Lichteindruck – man sieht die berühmten Sternchen. Dabei hat nicht Licht, sondern eine mechanische Einwirkung den Reiz ausgelöst. In diesem Fall passt der Reiz (Schlag) nicht zum Rezeptor (Auge), man spricht dann von einem unpassenden Reiz. Die Information erregter Sehzellen kann nicht als Schmerz wahrgenommen werden, weil sie im Sehzentrum des Gehirns ausgewertet wird.

Der Mensch und seine fünf Sinne • Bereits der griechische Philosoph und Naturforscher ARISTOTELES sprach von den klassischen fünf Sinnen: Sehen, Hören, Schmecken, Riechen, Fühlen. Zum Fühlen werden auch die Wahrnehmung von Temperatur, Schmerz, Druck, Vibration und Berührung gezählt. Mit den Bogengängen des Gleichgewichtsorgans können wir die Schwerkraft und unsere Lage im Raum wahrnehmen. Nach der Entfernung zwischen Reizquelle und Sinnesorgan werden die Sinne auch in *Nahsinne* (z. B. Geschmack) und *Fernsinne* (z. B. Sehen, Hören) eingeteilt.

Die Mehrzahl der Menschen nimmt Sinneseindrücke einzelner Sinnessysteme getrennt wahr: Licht immer nur als Farbe und Helligkeit, Schall immer nur als Geräusch. Einige wenige können „Farben hören und Töne schmecken". Bei der Reizung eines Sinnes kommt es bei ihnen zu einer vom Willen nicht kontrollierbaren, gleichzeitigen Empfindung in einem anderen Sinnessystem. Am häufigsten ist das Farbenhören. In einigen Fällen werden abstrakten Dingen wie Zahlen oder Buchstaben Sinnesempfindungen zugeordnet, z. B. ein bestimmter Buchstabe erscheint immer in der gleichen Farbe. Man vermutet, dass diese Verknüpfung von Empfindungen die Fähigkeit eines jeden Gehirns ist, aber nur wenigen Menschen bewusst wird.

Die Sinneswahrnehmung ermöglicht es allen Lebewesen, sich in ihrer Umwelt lebens- und überlebenswichtige Informationen zu beschaffen. Für einige teilweise sehr gefährliche Umwelteinflüsse besitzt der Mensch keine geeigneten Rezeptoren. So kann er radioaktive Strahlung nicht wahrnehmen. Erst wenn die Symptome der Strahlenkrankheit auftreten oder Veränderungen im Erbgut bemerkt werden, wird die schädigende Wirkung deutlich. Weshalb besitzt der Mensch keine Rezeptoren für die Erkennung von gefährlichen radioaktiven Strahlen? Radioaktive Stoffe kommen in geringen und nicht schädlichen Mengen frei in der Natur vor. In der stammesgeschichtlichen Entwicklung des Menschen gab es daher keine Notwendigkeit und keinen Vorteil, diese Stoffe erkennen zu können. Erst durch den Einsatz radioaktiver Stoffe in konzentrierter Form wurden schädliche Auswirkungen für Mensch und Natur hervorgerufen. Sowohl Atomwaffen, als auch Kernkraftwerke und Atommülllager bergen für unabsehbare Zeit große Risiken.

Elektromagnetische Felder stellen ebenso Umwelteinflüsse dar, von denen wir ständig umgeben sind. Auch dafür besitzen wir keine Sinnesorgane. Dennoch klagen manche Menschen über Beeinträchtigungen. Die Wahrnehmung und die Gefahren solcher Umwelteinflüsse sind umstritten; die möglichen Auswirkungen auf den Menschen und die Natur sind noch nicht geklärt.

Wahrnehmung • Alle Sinneseindrücke werden zu einem Gesamteindruck von der Außenwelt verknüpft. Dabei wird die Wahrnehmung von vielen weiteren Faktoren beeinflusst. Widersprechen sich Informationen verschiedener Sinne oder widersprechen Sinneseindrücke dem bisherigen Weltbild, so werden diese Informationen angeglichen. Im Extremfall werden dabei einzelne Informationen ganz ausgeblendet. Diese Weiterverarbeitung der eingehenden Informationen durch das Gehirn läuft unbewusst ab.

→ 1 Zerstörtes Reaktorgebäude in Tschernobyl

→ 2 Mobilfunkantennen

Durch die Informationsverarbeitung im Nervensystem entsteht ein Bild oder Modell von der Umwelt in unserem Kopf. Das bedeutet aber auch: Unsere Wahrnehmung hat Grenzen. Sie hängt von der Art der Sinnesorgane ab und von der Weiterverarbeitung der Informationen im Nervensystem. Daraus ergibt sich die Frage: Nehmen wir die Welt so wahr, wie sie ist?

Zu Täuschungen in der Wahrnehmung kommt es unter folgenden Bedingungen:
– Es liegen widersprüchliche Reize vor.
– Das Wahrnehmungssystem wird durch hochkomplexe und gleichförmige Reize überlastet.
– Das Wahrnehmungssystem ist über längere Zeit einer reizarmen und nicht abwechslungsreichen Umgebung (z. B. Wüste, Gefängnis) ausgesetzt.

2 Hören mit Ohr und Gehirn

Während du diese Zeilen liest, hörst du vielleicht das Ticken einer Uhr, das Zwitschern eines Vogels, das Rauschen des Straßenverkehrs oder die Gespräche deiner Mitschüler und Mitschülerinnen. Unsere Sprache hat vielfältige Möglichkeiten, Geräusche zu benennen: knallen, knattern, brummen, zischen, donnern, rauschen, prasseln, klopfen, quieken, piepsen, zirpen, trällern …

» *Wie entstehen Geräusche?*

» *Wie kann man Lautstärke und Tonhöhe von Geräuschen messen und aufzeichnen?*

» *Wie werden Geräusche in Ohr und Gehirn verarbeitet?*

» *Wodurch wird unser Gehör geschädigt? Wie können wir unsere empfindlichen Ohren schützen?*

❶ Klingende Weingläser

Bringe ein Weinglas zum Klingen, indem du mit einem nassen Finger an der Glaskante entlangfährst. Wiederhole den Versuch, nachdem du das Weinglas teilweise mit Wasser gefüllt hast. Beschreibe deine Beobachtungen und erkläre sie.

❷ Das Monochord

Das Monochord (griech. *mono:* ein und *chorde:* Saite) wird seit der Antike verwendet, um musiktheoretische und physikalische Erscheinungen zu erforschen. [→ 1] Über verschiedene Mechanismen können Spannung und Länge der Saite verändert werden. Alternativ kann statt des Monochords eine Gitarre verwendet werden.

→ 1 Monochord

a Setze kleine Papierreiter auf verschiedene Stellen der Saite. Zupfe die Saite an und beobachte das Verhalten der Papierreiter.

b Beobachte die schwingende Saite im Licht einer Stroboskoplampe. Bei geeigneter Blitzfrequenz lässt sich ihre Bewegung sehr gut beobachten und beschreiben.

c Spanne und entspanne die Saite vorsichtig. Ändere mithilfe eines Stegs die Länge der Saite. Wie verändert sich jeweils die Tonhöhe? Formuliere deine Beobachtung in Je-desto-Sätzen.

❸ Die Gummiharfe

Spanne mehrere Gummibänder über einen Schuhkarton. Mit acht Gummibändern kannst du eine Tonleiter erzeugen. Wie musst du die Spannung der Gummis verändern?

❹ Töne an Pfeifen

Bastle aus einem dünnen, festen Rohr zwei einfache Pfeifen. Aus einem passend zugeschnittenen Kork fertigst du Stopfen, mit denen das Ende des Rohrs verschlossen werden kann. Mithilfe eines kleinen Holzspießes im Kork lässt sich dieser verschieben. [→ 2] Blase beide Pfeifen an und suche ähnliche Töne. Blase unterschiedlich kräftig in eine Pfeife und beurteile die Lautstärke des Tons.

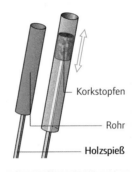

— Korkstopfen

— Rohr

— Holzspieß

→ 2 Unterschiedliche Pfeifen

→ 3 Unterschiedliche Rohre

❺ Stäbe und Rohre

Bringe verschiedene Alu- und Kupferstäbe oder -rohre durch seitliches Anklopfen, z.B. mit der Hand, zum Klingen.

a Vergleiche die Klänge einzelner Rohre und Stäbe und leite allgemeine Regeln ab. Versuche aus einem Rohr bzw. Stab einen möglichst wohlklingenden Ton herauszubekommen.

b Schlage mit der flachen Hand oder einem Tischtennisschläger auf die Öffnung eines Papp-, Metall- oder Plastikrohrs. Vergleiche die entstehenden Klänge und leite allgemeine Regeln ab.

c Vergleiche den Ton, wenn du am selben Rohr die Hand auf der Öffnung liegen lässt oder sie sofort nach dem Schlag wegziehst.

❻ Aufzeichnung und Darstellung von Tönen

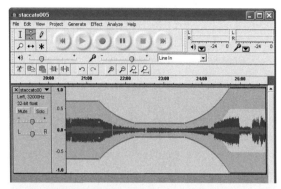

→ 1 Werkzeuge von Audacity

Audacity ist ein Audioprogramm, das du kostenlos aus dem Internet herunterladen kannst. Mit diesem Programm kannst du Geräusche und deren Schwingungsbilder aufzeichnen, bearbeiten, analysieren und wieder abspielen. Die Geräusche kannst du als MP3-Datei speichern und als Klingelton aufs Handy laden. Aus selbst produzierten Sprech- und Geräuschschnipseln kannst du ein ganzes Hörspiel zusammenstellen. Für die folgenden Experimente benötigst du außer dem PC (mit Audacity) ein Mikrofon oder Headset sowie mindestens zwei Stimmgabeln mit verschiedener Frequenz. Es ist hilfreich, wenn du störende Nebengeräusche auf ein Minimum reduzierst.

❼ Die Grundfunktionen von Audacity erarbeiten

Probiere zunächst aus, wie du ein beliebiges Geräusch aufzeichnen und wieder abspielen kannst.
Beachte: Um ein Geräusch erneut aufrufen zu können, muss ein Dateienpaar (*.aup und *_data) abgespeichert werden. Hilfreich ist es, die einzelnen Tonspuren nach Geräusch bzw. Schallquelle zu benennen, damit du sie für spätere Vergleiche leicht wiederfinden kannst. Du kannst auch mehrere Tonspuren in einer Datei speichern.
Das Programm bietet die Möglichkeit, in einzelne Tonkurven hineinzuzoomen. Typische Abschnitte der Tonkurve können für die Analyse zugeschnitten werden. Screenshots lassen sich als Ausdruck im

Protokoll verwenden. Achte darauf, dass du nur Tonkurven vergleichen kannst, wenn die ausgewählte Zeitspanne auch gleich lang ist.

❽ Tonkurven von Stimmgabeln

Vergleiche Kurvenverlauf und Frequenz bei verschiedenen Stimmgabeln.

a Lass eine lange Stimmgabel über längere Zeit vor dem Mikrofon tönen.

b Zeichne die Tonkurven von einem Klatschen oder einem Knall auf. Vergleiche die Form der Tonkurven mit denen der Stimmgabeln.

c Ändert sich das Schwingungsbild, wenn du die Lage der Stimmgabel änderst (Stimmgabelzinken nach oben, auf die Seite, nach unten, Drehen der Stimmgabel um die eigene Achse …)? Beschreibe und erkläre die Beobachtung.

d Schlage jetzt gleichzeitig zwei Stimmgabeln an. Beschreibe die Veränderungen in der Tonkurve.

❾ Hörtest

Entwickele einen einfachen Hörtest. Lasse dazu eine Stecknadel fallen. Variiere die Randbedingungen: Untergrund, Entfernung, Nebengeräusche …
Wiederhole das Experiment unter den gleichen Randbedingungen nach einer Langzeitbelastung durch Discobesuch/Popkonzert oder laute MP3-Musik …
Dokumentiere die Ergebnisse und vergleiche sie gegebenenfalls mit den Messungen eines Hörgeräteakustikers.

❿ Rinne-Test

Schlage eine Stimmgabel an und setze sie waagerecht auf den leicht vorstehenden Knochen hinter der Ohrmuschel auf. Sobald du den Ton nicht mehr hörst, halte die Stimmgabel aufrecht direkt vor das Ohr. [→ S. 13/1]
Notiere die Beobachtung und versuche sie zu erklären. Wenn du deine Stimme aufzeichnest und sie anhörst, klingt sie für dich fremd, für andere in der Regel nicht. Erkläre.

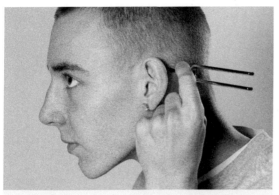

→ 1 Rinne-Test

→ 2 Experiment zum Richtungshören

⓫ Richtungshören rechts–links

Wie genau kann man unterscheiden, ob ein Geräusch von rechts oder von links kommt?

Bildet 3er-Teams. Legt folgende Rollen fest: Versuchsperson, Versuchsleiter/-leiterin, Protokollant/-in. [→ 2]

Ihr benötigt: ca. 1 m Plastik- oder Gummischlauch, Stift zum Markieren auf dem Schlauch, 2 Trichter, Stricknadel oder Glasstab, weiche Unterlage (Schaumstoff oder Kleidungsstück).

Markiert die Mitte des Schlauches. Tragt rechts und links von der Mitte im Abstand von je 0,5 cm Markierungen auf. Steckt die beiden Trichter in die Schlauchenden. Eine Versuchsperson hält sich die Trichter an die Ohren, während der Schlauch hinter ihr kreisrund auf einer weichen Unterlage liegt.

Der Versuchsleiter klopft mit einem Stab auf die vorher markierte Schlauchmitte: Die Versuchsperson muss das Klopfen mit beiden Ohren gleichzeitig hören. Nun klopft der Versuchsleiter in einiger Entfernung rechts oder links der Mitte mit gleicher Stärke auf den Schlauch.

Wichtig: Alle Werte einer Tabelle müssen von einer Versuchsperson stammen.

Wiederholt das Klopfen auf die Schlauchmitte vor jedem Einzelversuch.

Die Einzelversuche werden in beliebiger Reihenfolge durchgeführt, um Zufallstreffer auszuschließen.

Die Versuchsperson soll angeben, ob sie das Geräusch erst links oder rechts hört oder ob kein Unterschied wahrgenommen wird.

Der Protokollant trägt die Beobachtung der Einzelversuche an der entsprechenden Stelle in die Tabelle ein. Dazu werden folgende Symbole verwendet:

✓ wenn die Schallquelle richtig lokalisiert wurde

f wenn die Angabe der Versuchsperson falsch war

? wenn die Versuchsperson die Schallquelle nicht lokalisieren konnte.

Rechnet jeweils die Trefferquote in Prozent aus und notiert sie in der Tabelle. Ermittelt den Klassendurchschnitt.

Interpretiert die Beobachtungen.

Versuch	1	2	3	4	5	6	7	8	9	10	% richtig
0,5 cm											
1,0 cm											
1,5 cm											
2,0 cm											
3,0 cm											
4,0 cm											
5,0 cm											

⓬ Richtungshören vorn–hinten

Überlege, ob und wie das Ohr Geräusche von vorne und hinten unterscheiden kann. Überprüfe deine Vermutung, indem du eine Versuchsperson mit verbundenen Augen raten lässt, ob das von dir verursachte Geräusch von vorne oder von hinten kommt. Notiere die Anzahl der richtigen und falschen Treffer.

→1 Verkehrslärm

Lärm – ein Projekt

Schallpegelmessgeräte • Das menschliche Ohr empfindet hohe Töne bei gleichem Schallpegel lauter als tiefe Töne. Bei Schallpegelmessgeräten kann man deshalb zwischen der dB(A)- und der dB(C)-Skala wählen. Bei der Messung mit dB(A)-Skala wird ein Filter (400–2000 Hz) dazwischengeschaltet,

→2 Schallpegelmessgerät

der die Messwerte dem subjektiven Empfinden anpasst. Bei der dB(C)-Skala fehlt ein solcher Filter. Verwendet für eure Messung stets die dB(A)-Skala.

Tipp: Für Lärmanalysen ist ein Schallpegelmesser erforderlich. Ein solches Gerät sollte in der Lehrmittelsammlung der Physik eurer Schule vorhanden sein. Schallpegelmessgeräte gibt es ab etwa 50 Euro in Elektronikfachmärkten, richtige Profigeräte kosten jedoch über 1000 Euro. Im Internet könnt ihr – mit etwas Glück – professionelle Geräte für weit weniger Geld kaufen. Am besten beschafft ihr gleich zwei Schallpegelmesser, dann können mehrere Arbeitsgruppen an verschiedenen Orten zugleich messen. So kann zum Beispiel direkt an der Straße und gleichzeitig im Haus gemessen werden, wenn ein Lastwagen vorüberfährt.

Vorbereitung: Bevor ihr Messungen mit dem Schallpegelmessgerät durchführt, solltet ihr die Gebrauchsanleitung für das Gerät studieren. Bereitet eine Tabelle vor, in die ihr die Messergebnisse eintragt. Sie sollte neben den gemessenen Werten mindestens Datum, Uhrzeit, Ort, Art der Schallquelle und Entfernung von der Schallquelle enthalten. Erfasst eventuell auch euren subjektiven Höreindruck.

Messung: Versucht vorab den Schallpegel einzelner Schallquellen zu schätzen. Beispiele findest du im Lärmometer auf → S. 25. Tragt die Messwerte in die vorbereitete Tabelle ein.

Nehmt bei Messungen im öffentlichen Raum Rücksicht auf andere. Klärt die Menschen in eurer unmittelbaren Umgebung über eure Absicht auf. Richtet das Mikrofon des Messgeräts direkt auf die Schallquelle. Vermeidet Fehlmessungen, indem ihr das Messgerät nicht zwischen Körper und Schallquelle haltet, da Körper den Schall reflektieren.

① Untersucht mit einem Schallpegelmesser den alltäglichen Lärm.

a) Messt Schallpegel, denen ihr täglich ausgesetzt seid: im Unterricht, auf dem Pausenhof, beim Sport, auf dem Schulweg, beim Musikmachen und -hören usw.

b) Messt, wer in eurer Klasse am lautesten schreien kann. Schützt dabei eure Ohren und achtet darauf, dass keine anderen Klassen gestört werden.

c) Wiederholt die Messung, indem ihr den Kopf beim Schreien in einen mit Dämmmaterial ausgekleideten Kasten – eine Schreibox – steckt. Messt den Schallpegel im Kasten und außerhalb.

② Untersucht die Abhängigkeit des Schallpegels vom Abstand zur Schallquelle. Dazu benötigt ihr eine möglichst punktförmige Schallquelle. Die Messungen solltet ihr im Freien durchführen.

Erzeugt dazu mit dem Sinusgenerator einen gleichbleibend lauten Ton. Messt den Schallpegel in zunehmendem Abstand zur Schallquelle. Leitet aus den Messergebnissen Regeln für den Zusammenhang von Schallpegel und Abstand ab.

③ Führt Messreihen mit einer Vielzahl von gleichartigen Schallquellen mit gleicher Schallintensität durch, z. B. eine, zwei, …, viele gleich große Murmeln aus gleichem Material fallen gleichzeitig in einen Plastikeimer. Leitet aus den Messergebnissen einen Zusammenhang zwischen Schallintensität und Anzahl der Schallquellen ab.

④ Erstellt eine Lärmkarte eurer Schule und ihrer Umgebung. [→ 1]

≥ 50 dB		≥ 55 dB
≥ 60 dB		≥ 65 dB
—— Autoverkehr		

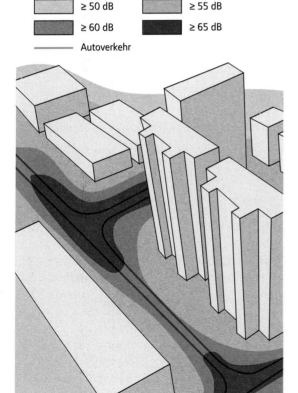

→ 1 Lärmkarte

→ 2 Messung des Straßenlärms

1 Die Schwingungen eines Schallerregers lassen sich durch Amplitude und Frequenz charakterisieren. Erkläre die beiden Begriffe. Wie wirkt sich eine Vergrößerung der Amplitude, wie eine Erhöhung der Frequenz auf den Ton aus?

2 Informiere dich darüber, wie ein Luftballon platzt. Vergleiche die Geräuschentstehung mit einer schwingenden Membran.

3 Insekten senden unterschiedliche Summtöne aus.

a Erkläre, wie sie diese Töne erzeugen.

b Wie ist der Unterschied in der Tonhöhe zu erklären?

c Nenne weitere Schallquellen in Natur und Technik, die unterschiedlich hohe Töne hervorrufen.

d Mit einer Schallquelle sollen unterschiedlich hohe Töne erzeugt werden. Plane dazu ein Experiment.

4 Die Flügelschlagfrequenz verschiedener Insekten lässt sich nach der Höhe des dadurch erzeugten Summtons errechnen. Ordne die folgenden Flügelschlagfrequenzen (45; 225; 600 Flügelschläge pro Sekunde) den folgenden Insekten zu: Stechmücke, Maikäfer, Honigbiene. Ordne den Summton der einzelnen Insekten auf der Tonleiter ein. [→ S. 18/1]

5 Verschaffe dir mithilfe der Abbildung und eines Ohrmodells einen Überblick über den Bau des Ohrs. [→ S. 19/1]

a Lege eine dreispaltige Tabelle an. Trage in die erste Spalte Außen-, Mittel- und Innenohr ein.

b Ordne die folgenden Strukturen den einzelnen Teilen des Ohrs zu und trage diese in der 2. Spalte ein: Ohrenschmalzdrüsen, ovales Fenster, Ohrmuschel, Hörsinneszellen, Trommelfell, Schnecke, Hörnerv, Gehörgang, Ohrtrompete, rundes Fenster, Gehörknöchelchen.

c Ergänze die Funktion der einzelnen Bauteile im Außen- und Mittelohr in der 3. Spalte.

6 Das Ohr als Signalwandler

a Erläutere am Beispiel des menschlichen Auges warum Sinnesorgane Signalwandler sind.

b Beschreibe die Abläufe im Ohr vom Eintreffen einer Schallwelle am Trommelfell bis zur Weiterleitung der elektrischen Impulse im Hörnerv. Beschreibe, wie es dabei zur Signalwandlung kommt.

c Das Ohr kann laute und leise, tiefe und hohe Töne unterscheiden. Erkläre.

d Beschreibe den Bau der Gehörknöchelchen und stelle ihre Funktion als Signalverstärker dar. [→ S. 19/2]

7 Welchen Vorteil hat die Übertragung der Bewegung vom Trommelfell aufs ovale Fenster durch gelenkig verbundene Gehörknöchelchen im Vergleich zur Schallübertragung in Luft?

8 Welche Folgen hat der Wechsel des Übertragungsmediums für die Geschwindigkeit der Schallausbreitung?

9 Erkläre die Funktion des runden Fensters.

10 Informiere dich über mögliche Folgen von Schädigungen des Ohrs:

a Ausfall einzelner Hörsinneszellen

b Schädigung von Strukturen, die zur Schwerhörigkeit führen können

c Schäden, bei denen ein Hörgerät Abhilfe schafft

d Schäden, bei denen ein Hörgerät nicht mehr hilft

11 Mithilfe des Rinne-Tests lässt sich feststellen, ob eine Schädigung im Mittel- oder Innenohr vorliegt. Überlege, wo der Schaden liegt.

a Die Knochenleitung ist normal, aber die Luftleitung gegenüber dem Durchschnitt schlechter ist.

b Sowohl Luft- als auch Knochenleitung sind gegenüber dem Durchschnitt verschlechtert. Begründe.

→1 Blattfeder

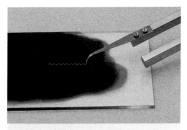

→2 Stimmgabelschwingung

→3 Hummel

Was schnell genug schwingt, klingt

Pendel • Schwingt man auf einer Schaukel hin und her, so kann man dabei einen leichten Luftzug spüren, unser Körper verdrängt die Luft. Pendeln wir nach vorn, so wird vor uns die Luft verdichtet (Überdruck), hinter uns wird die Luft verdünnt (Unterdruck). Da die Schaukel nur langsam hin- und herpendelt, findet die Veränderung des Luftdrucks nur in der unmittelbaren Umgebung statt.

Schallquelle • Eine vibrierende Blattfeder [→1] schwingt ebenso periodisch wie eine Schaukel, nur schneller. Auch hier wird in Bewegungsrichtung die Luft verdichtet, auf der Rückseite der Feder entsteht ein Unterdruck. Da die Schwingung schnell und periodisch ist, entstehen vor und hinter der Blattfeder abwechselnd Zonen mit verdichteter und verdünnter Luft, die sich in der Umgebung ausbreiten. Die Schwingungen sind für unser Auge nicht sichtbar, aber wir können einen Ton hören. Die schwingende Blattfeder ist eine Schallquelle. Auch eine gleichmä-

ßig schwingende Saite führt zu periodischen Druckunterschieden in der umgebenden Luft und erzeugt somit einen Ton. [→ ❶–❺]

Schwingungsbilder • Befestigt man an einer Stimmgabel eine Schreibnase und zieht die schwingende Stimmgabel gleichmäßig über eine berußte Glasscheibe, [→2] so sieht man, dass die Schreibnase eine wellenförmige Spur hinterlässt. Die entstehende Kurve ist gleichmäßig, man nennt sie sinusförmig. Am Verlauf der Kurve kann man die wichtigsten physikalischen Größen einer Schwingung beschreiben. [→4]

Signalwandler • Trifft Schall auf ein Mikrofon, so wandelt es die Druckschwankungen in elektrische Spannungen um. Das Mikrofon ist ein Signalwandler. Die Veränderungen der elektrischen Spannung können mithilfe eines Oszilloskops oder geeigneter Software am PC sichtbar gemacht werden. Ähnlich wie mit der Schreibnase erhält man statt des akustisch wahrnehmbaren Tons ein optisch wahrnehmbares Schwingungsbild. [→ ❻–❽]

Frequenz f: Anzahl der Schwingungen je Zeit
$f = \frac{n}{t}$ (Zahl der Perioden je Zeit)

Einheit: 1 Hertz (Hz) $= \frac{1}{s}$
1 Kilohertz (kHz) $= 1000\,Hz$

Periodendauer T: Zeit für eine vollständige Hin- und Herbewegung
$T = \frac{1}{f}$ (Kehrwert der Frequenz)

Amplitude y_{max}: maximale Auslenkung der Schwingung

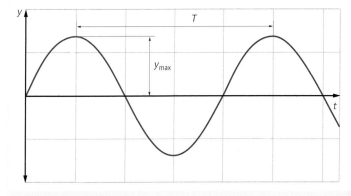

→4 Darstellung einer Schwingung

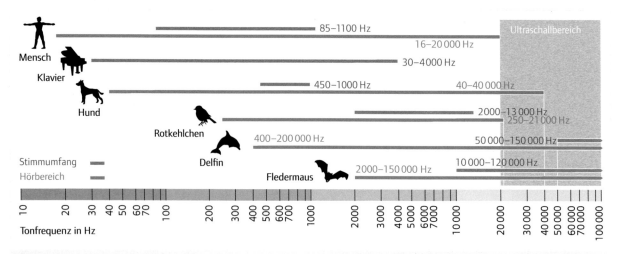

→ 1 Stimmumfang und Hörbereiche

Ultraschall und Infraschall

Menschlicher Hörbereich • Alle Töne, die unser Trommelfell zum Mitschwingen anregen, können wir hören. Dies ist ein Bereich mit einer Frequenz zwischen 20 Hz und 20 kHz. Auch das Ohr ist ein Signalwandler. Sehr tiefe Töne können wir zusätzlich spüren, weil sie unser Zwerchfell in Schwingung versetzen.

Ultraschall • Schall oberhalb der menschlichen Hörschwelle mit einer Frequenz zwischen 20 kHz und 1 GHz bezeichnet man als Ultraschall. Fledermäuse nutzen Ultraschall bei der Insektenjagd. Auch in der Technik wird Ultraschall genutzt, z. B. für Echolot und Sonografie.

Infraschall • Schallwellen unterhalb der menschlichen Hörschwelle, d. h. mit Frequenzen kleiner als

→ 2 Ultraschall zum Beutefang

20 Hz, nennt man Infraschall. Er reicht hinunter bis zu den sichtbaren Schwingungen von Maschinen und Bauteilen. Erdbebenwellen breiten sich per Infraschall aus, auch Elefanten können sich mit Infraschall verständigen.

→ 3 Infraschall bei geologischen Untersuchungen

→ 4 Elefanten verständigen sich auch mit Infraschall.

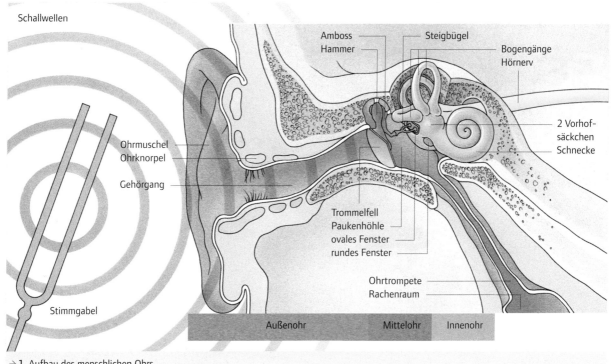

Schallwellen

Amboss · Steigbügel

Hammer

Bogengänge
Hörnerv

2 Vorhof-
säckchen
Schnecke

Ohrmuschel
Ohrknorpel

Gehörgang

Trommelfell
Paukenhöhle
ovales Fenster
rundes Fenster

Ohrtrompete
Rachenraum

Stimmgabel

Außenohr · Mittelohr · Innenohr

→ 1 Aufbau des menschlichen Ohrs

Das Ohr des Menschen

Das menschliche Ohr liegt an der Schädelbasis geschützt im härtesten Knochen, dem Felsenbein. Es ist gegliedert in Außen-, Mittel- und Innenohr. [→ 1] Die Ohrmuscheln fangen den Schall auf. Dieser wird durch den Gehörgang zum Trommelfell geleitet und versetzt es in Schwingungen. Im Mittelohr übertragen die Gehörknöchelchen die Schwingungen auf die Schnecke im Innenohr. Sie erzeugen dort Wellen, die die Hörsinneszellen im Schneckengang reizen. Über den Hörnerv gelangen elektrische Signale zum Gehirn.

Das Labyrinth mit den Bogengängen ist mit dem Innenohr verbunden, stellt aber ein eigenes Sinnesorgan dar: Es enthält Sinneszellen für Dreh- und Lagesinn.

Die Funktion der Gehörknöchelchen • Im Mittelohr verbinden die beweglich miteinander verbundenen Gehörknöchelchen Trommelfell und ovales Fenster. Schwingt das Trommelfell, wird diese Bewegung auf das ovale Fenster übertragen und dabei

verstärkt. Da die Fläche des Trommelfells etwa 20-mal so groß ist wie die des ovalen Fensters, ist die beim ovalen Fenster ausgelöste Amplitude auch größer. Dies ist notwendig, weil Außen- und Mittelohr mit Luft, das Innenohr dagegen mit Wasser gefüllt sind. Da Luft komprimierbar ist – Wasser aber nicht, können durch die Verstärkung des Signals am ova-

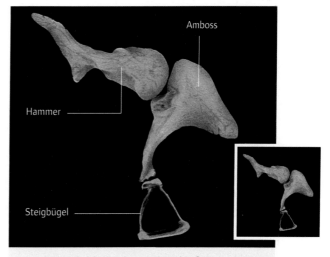

Amboss

Hammer

Steigbügel

→ 2 Gehörknöchelchen; Rahmen: Originalgröße

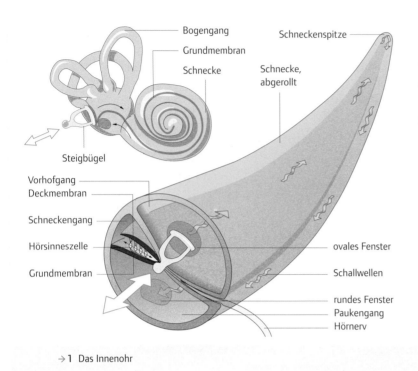

Bogengang
Grundmembran
Schnecke
Schneckenspitze
Schnecke, abgerollt
Steigbügel
Vorhofgang
Deckmembran
Schneckengang
Hörsinneszelle
Grundmembran
ovales Fenster
Schallwellen
rundes Fenster
Paukengang
Hörnerv

→ 1 Das Innenohr

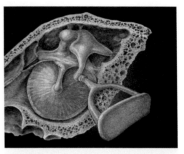

→ 2 Mittelohr

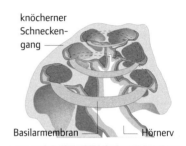

knöcherner Schneckengang
Basilarmembran
Hörnerv

→ 3 Querschnitt durch die Schnecke

len Fenster auch schwache Signale wahrgenommen werden.

Schutzfunktionen • Mithilfe von zwei winzigen Muskeln kann der Auslenkungsgrad der Gehörknöchelchen verringert werden, um die empfindlichen Hörsinneszellen vor Überlastung zu schützen. [→ 2] Ein Muskel verbindet Hammer und Trommelfell. Er schützt vor zu heftigen Bewegungen der Gehörknöchelchen z. B. beim Niesen.
Der zweite Muskel verkantet die Steigbügelplatte im ovalen Fenster, wodurch sich die Verbindung zwischen Trommelfell und Innenohr verschlechtert. Die Auslenkungen der Gehörknöchelchen sinken, dadurch wird die Energie der Schallwelle nicht mehr oder nur zum Teil auf das ovale Fenster übertragen.

Bau des Innenohrs • Die häutige Schnecke ist ein spiralig aufgerollter, mit Flüssigkeit gefüllter elastischer Schlauch. Dieser ist längs durch Membranen in Vorhofgang, Schneckengang und Paukengang unterteilt. [→ 1, 3]
Das ovale Fenster befindet sich am Beginn des Vorhofgangs. Vorhofgang und Paukengang sind an der Schneckenspitze miteinander verbunden. Am Ende

des Paukengangs befindet sich das runde Fenster. Der Schneckengang hat keine Verbindung zu Vorhof- und Paukengang. Etwa 16 000 Hörsinneszellen befinden sich in der Grundmembran des Schneckengangs.

Funktion des Innenohrs • Die Hörsinneszellen [→ 2] sind Signalwandler. Sie wandeln mechanische Schwingungen in elektrische Impulse um. Aus den Hörsinneszellen entspringen feine Härchen, deren oberes Ende in der Deckmembran fixiert ist. [→ 4] Werden die Sinneshärchen gegenüber ihrer geraden Ruheposition gebogen, so schicken sie über den Hörnerv einen elektrischen Impuls an das Gehirn

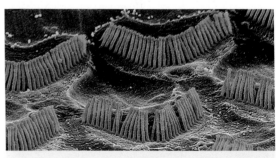

→ 4 Hörsinneszellen unter dem Rasterelektronenmikroskop

weiter. Dieser Impuls ist umso stärker, je stärker die Sinneshärchen gebogen wurden.

Schwingt das ovale Fenster, so wird die direkt daran angrenzende Flüssigkeit in Bewegung versetzt. Es entsteht eine Wanderwelle in der Flüssigkeit, die sich entlang des Vorhofgangs bis zur Schneckenspitze fortpflanzt und von dort in umgekehrter Richtung durch den Paukengang zurückläuft. [→ S. 19/1] Sie endet am runden Fenster, das sich bei Ankunft der Wanderwelle ausbeult und so die überschüssige mechanische Energie aufnimmt.

Durch diese Wanderwelle wird die Deckmembran zwischen Vorhofgang und Schneckengang kurzzeitig in Richtung Schneckengang eingedellt. Leicht zeitversetzt geschieht dies auch mit der Grundmembran zwischen Schneckengang und Paukengang. Dadurch wird die Deckmembran in Bezug auf die Grundmembran so verschoben, dass die Sinneshärchen gebogen werden. Die Eindellung der beiden Membranen setzt sich vom Beginn der häutigen Schnecke bis zu ihrer Spitze fort.

Die Ohren sind empfindlich

Verstärkt Hörschäden bei Jugendlichen (26.04.2007)

Täglich sind wir von Lärm umgeben. Nach Angaben hat jeder vierte Jugendliche in Deutschland einen Hörschaden. Sowohl beim Musikhören über CD- oder MP3-Spieler als auch in Diskotheken und bei Konzerten werden schnell Werte bis zu 120 Dezibel erreicht. Als Vergleich: Eine normale Unterhaltung hat 50 bis 60 Dezibel.

„Drei Prozent der Jugendlichen tragen heute schon Hörgeräte", sagte Jutta Vestring, Geschäftsführerin der Berufsgenossenschaft. Das Gehör der Teenager ist bereits stark geschädigt, bevor sie überhaupt mit einer Lehre beispielsweise in einem lärmintensiven Gewerbe beginnen. (Quelle: GEOlino)

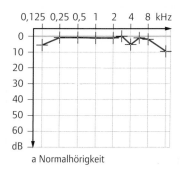

a Normalhörigkeit

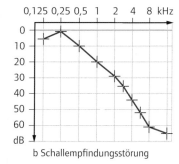

b Schallempfindungsstörung

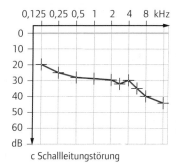

c Schallleitungsstörung

→ 1 Hörschwellendiagramme

→ 2 Audiometrie

→ 3 Jugendliche mit Hörgeräten

Anders als die Augen, die bei zu hellem Licht durch die Lider geschützt sind, ist das Ohr den Geräuschen ringsum ständig ausgesetzt. Der hörbare Bereich des Menschen liegt zwischen 0 und 120 dB sowie zwischen 20 Hz und 20 kHz.

Die Audiometrie (lat. *audio:* ich höre) prüft das Hörvermögen von Patienten mithilfe des Audiometers. Bei diesem Gerät können die Frequenz und die Lautstärke verändert werden. Die Versuchsperson sitzt in einem schalldichten Raum, hört über Kopfhörer mal rechts, mal links in beliebiger Reihenfolge verschieden hohe Töne, die zunehmend lauter werden. Sie gibt an, ab wann sie den Ton hören kann. Das Ergebnis der Messung wird in einem Hörschwellendiagramm dargestellt: Normalhörigkeit [→S.21/1a]; Schallempfindungsstörung [→S.21/1b]; Schallleitungsstörung [→S.21/1c]. [→ 9 – 10]

Schwerhörigkeit • Ursachen für Schwerhörigkeit sind erbliche Faktoren, Infektionen, Unfälle, Lärm. Dabei unterscheidet man zwei prinzipielle Möglichkeiten der Schwerhörigkeit: Bei Schallleitungsstörungen liegt die Ursache im Bereich des Außen- oder Mittelohrs. So kann z.B. durch eine Mittelohrentzündung oder mechanische Verletzung das Trommelfell einen Riss bekommen. Es kann heute relativ einfach durch ein künstliches Trommelfell ersetzt werden.

Eine Schallempfindungsstörung liegt vor, wenn die Schädigung im Innenohr liegt. Hierfür sind vor allem Veränderungen an den empfindlichen Sinneshärchen verantwortlich. So können die Härchen durch Alter oder Dauerbelastung erschlaffen, knicken, miteinander verkleben oder völlig zerstört werden.

Gehörschutz • Wie viel Lärm das Gehör verkraftet, hängt nicht nur von der Lautstärke, sondern auch von der Dauer der Belastung ab. [→1]

Alle Schutzein- und -ausrüstungen, die das Gehör vor Schaden schützen, werden als Gehörschutz bezeichnet. Ab einem Schallpegel von 85 dB(A) ist das Tragen eines Gehörschutzes am Arbeitsplatz vorgeschrieben. Aber auch bei Musikveranstaltungen wird dieser Schallpegel oft überschritten.

Dämmung und Dämpfung • In leeren Räumen mit glatten Wänden hallt es besonders gut. Teppiche oder Vorhänge dagegen „schlucken" den Schall. Man unterscheidet schallharte und schallweiche Medien. Während schallharte Medien eine glatte Oberfläche haben, die den ankommenden Schall gut reflektiert, haben schallweiche Medien eine poröse Oberfläche. Weil sich diese Oberflächen stärker bewegen können, wird ein Teil der auftretenden Schallenergie in Bewegungsenergie umgewandelt. Bei schallweichen Medien wie z.B. Teppichböden ist deshalb die Dämpfung größer.

Bei der Schalldämpfung wird die Ausbreitung von Schall im Raum durch Absorption in einem schallweichen Material vermindert. Bei der Schalldämmung dagegen wird ein Raum von einem anderen akustisch isoliert. Entscheidend ist hier, welches Material sich zwischen den Räumen befindet.

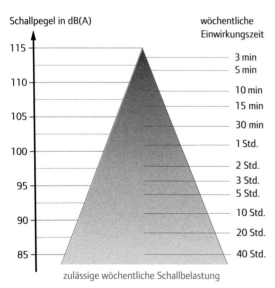

Das Gehör verkraftet eine Lautstärke von 85 dB(A) (Dezibel) bis zu 40 Stunden pro Woche, ohne Schaden zu nehmen.
Bei 95 dB(A) verkürzt sich die zumutbare Zeitspanne bereits auf vier Stunden pro Woche.

→1 Zulässige Schallbelastung

Wie man Schall misst

Durch die Zusammenarbeit von Ohr und Gehirn wird jedes Schallereignis mit einer bestimmten Lautstärke wahrgenommen. Die Lautstärke ist eine

Schallpegel in Dezibel bzw. Bel	Objektiv messbare Schallintensität am Trommelfell		Subjektiv wahrgenommene Lautstärke
0 dB = 0 B	$10^0 =$	1-fach	2^0 = 1-fach
10 dB = 1 B mehr	$10^1 =$	10-fach	2^1 = 2-fach
20 dB = 2 B mehr	$10^2 =$	100-fach	2^2 = 4-fach
30 dB = 3 B mehr	$10^3 =$	1000-fach	2^3 = 8-fach
40 dB = 4 B mehr	$10^4 =$	10 000-fach	2^4 = 16-fach
50 dB = 5 B mehr	$10^5 =$	100 000-fach	2^5 = 32-fach
60 dB = 6 B mehr	$10^6 =$	1 000 000-fach	2^6 = 64-fach
70 dB = 7 B mehr	$10^7 =$	10 000 000-fach	2^7 = 128-fach
80 dB = 8 B mehr	$10^8 =$	100 000 000-fach	2^8 = 256-fach
90 dB = 9 B mehr	$10^9 =$	1 000 000 000-fach	2^9 = 512-fach
…	…		–
120 dB = 12 B mehr	10^{12}		2^{12} = 4096-fach

→ A Beispiele für Schallpegel

subjektive Wahrnehmung und deshalb keine physikalisch messbare Größe. Messbar sind dagegen Schalldruck, Schallintensität und Schallpegel.

Schalldruck und Schallintensität • Für den sogenannten Schalldruck (gemessen in der Einheit Pascal, $1\,Pa = 1\,N/m^2$) ergeben sich sehr kleine Werte. So beträgt die Druckänderung durch einen sehr lauten Ton (114 Dezibel) nur 1/10 000 des Luftdrucks.

Mit Schallintensität bezeichnet man den Energiestrom, der durch eine senkrecht zur Ausbreitungsrichtung stehende Fläche strömt. Sie wird in $J/(s \cdot m^2)$ gemessen.

Schallpegel • Für den Schallpegel wird in der Regel die Einheit Dezibel (dB; 1 dB = 1/10 Bel), benannt nach ALEXANDER GRAHAM BELL, verwendet. Dabei handelt es sich um eine relative Einheit, die die Schallpegel zweier Schallquellen miteinander vergleicht. Als Bezugsgröße dient der leiseste gerade vom Menschen noch hörbare Schall, z. B. das Geräusch von fallendem Schnee.

Die Hörschwelle liegt bei 0 dB. Bei 120 dB liegt die Schmerzschwelle, d. h., Schall wird als Schmerz wahrgenommen.

Für eine Schallquelle, die 10 dB lauter ist, gilt im Vergleich zum leiseren Ton:
- Objektiv messbar ist die Schallintensität, die auf das Trommelfell trifft, 10-mal so hoch.

– Subjektiv wird das Geräusch aber nur doppelt so laut empfunden.

Wie erklärt sich der Unterschied zwischen objektiv messbarem Schallpegel und subjektiv empfundener Lautstärke? Gehirn und Ohr verarbeiten die Schallpegel nicht linear, sondern logarithmisch. Auf diese Weise kann das Ohr Schallpegel wahrnehmen, die sich um den Faktor 10^{12} (eine Billion) unterscheiden! Zum Vergleich: Wäre das Ohr eine Waage, müsste diese Gewichte von 1 Milligramm (= 1/1000 Gramm) bis 1000 Tonnen (1 Tonne = 1000 Kilogramm) anzeigen können.

Deshalb ist auch die Dezibelskala nicht linear, sondern logarithmisch. [→ A] Würde uns das Gehirn die Schallwahrnehmung 1 : 1 übersetzen, könnten wir entweder leise Geräusche nicht hören oder laute Geräusche nicht mehr ertragen.

Das Gehirn bestimmt (mit), was wir hören

Töne mit verschiedenen Frequenzen hören wir unterschiedlich laut. Am empfindlichsten ist das menschliche Ohr in dem Frequenzbereich, der der normalen Sprache entspricht, von etwa 400 Hz bis 2000 Hz. Die subjektiv empfundene Stärke des Schalls wird als Lautstärkepegel bezeichnet. Sie wird durch Vergleich mit einem 1-kHz-Ton gemessen,

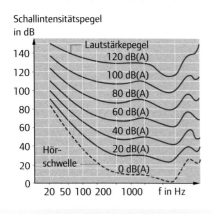

→ 1 Lautstärkepegel verschiedener Frequenzen

→ 2 Entstehung des räumlichen Höreindrucks

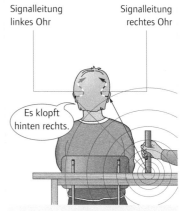

→ 3 Schallausbreitung und Höreindruck

der gleich laut erscheint. Dabei entspricht 0 dB(A) der Hörschwelle eines Tons von 1 kHz und 100 dB(A) der Lautstärke eines 1-kHz-Tons mit der Schallintensität von 100 dB.

Im Bild [→ 1] sind gleich laut empfundene Töne unterschiedlicher Frequenz durch eine Linie verbunden. Man erkennt, mit welcher Schallintensität Töne unterschiedlicher Frequenz das Ohr erreichen müssen, damit sie als gleich laut empfunden werden. Extrem hohe und sehr tiefe Töne müssen mit großer Schallintensität das Ohr erreichen, um überhaupt gehört zu werden.

Stereo • Stereofonie ist ein Verfahren, bei dem Geräusche mit zwei räumlich getrennten Mikrofonen aufgenommen und Schallwellen in elektrische Signale umgewandelt werden. Anschließend werden diese Signale durch zwei räumlich getrennte Lautsprecher wieder in Schallwellen zurückverwandelt. Obwohl die Geräusche nur aus zwei Lautsprechern kommen, werden sie von unserem Gehirn als räumlicher Schalleindruck wahrgenommen. Hierbei wird die Fähigkeit des Gehirns ausgenutzt, beim Eintreffen der Schallwelle an beiden Ohren aus minimalen Lautstärke- und Zeitunterschieden die Richtung der Schallquelle zu bestimmen. [→ 2] Liegt die Schallquelle in gleichem Abstand von beiden Ohren, so kommt die Schallwelle auf beiden Ohren gleich laut und gleichzeitig an. Über den Hörnerv gelangen vom rechten wie vom linken Ohr elektrische Signale mit gleicher Frequenz gleichzeitig ins Hörzentrum. Das Gehirn verarbeitet diese Informationen weiter,

es entsteht der Eindruck: Die Schallquelle liegt im Zentrum des Raums. Liegt die Schallquelle näher am rechten Ohr, so kommt die Schallwelle dort früher und lauter an als beim linken Ohr. Die elektrischen Signale, die vom rechten und linken Ohr im Hörzentrum ankommen, unterscheiden sich. Beide Signale werden vom Gehirn weiterverarbeitet zum Eindruck: Die Schallquelle liegt rechts vom Kopf im Raum. [→ 3] [→ ⑪, ⑫]

MP3 • 1987 gelang Forschern des Erlanger Fraunhofer-Instituts erstmals die Komprimierung von Audiodateien zum MP3-Format. 1998 war der erste MP3-Player im Laden erhältlich. MP3 ist eines von mehreren Dateiformaten, mit dem Audiodaten elektronisch gespeichert werden können. Durch dieses Format ist es einfacher, Musik auf verschiedenartigen Trägern zu speichern.

Damit die Datei nicht zu viel Speicherplatz benötigt, werden die Daten komprimiert. Dabei gehen jedoch etwa 10 % der ursprünglichen Informationen verloren. Ziel ist es aber, dass die Audiodatei zwar kleiner ist, aber möglichst noch genauso klingt wie das Original. Es muss nicht gespeichert werden, was das menschliche Ohr auch bei konzentriertem Hören sowieso nicht unterscheiden kann: Nach lauten Tönen beispielsweise hören wir für kurze Zeit die darauffolgenden leisen nicht. Zwei Töne können wir erst dann unterscheiden, wenn ihr Frequenzunterschied eine bestimmte Schwelle überschreitet.

Das Lärmometer

Wie laut – wie schädlich?

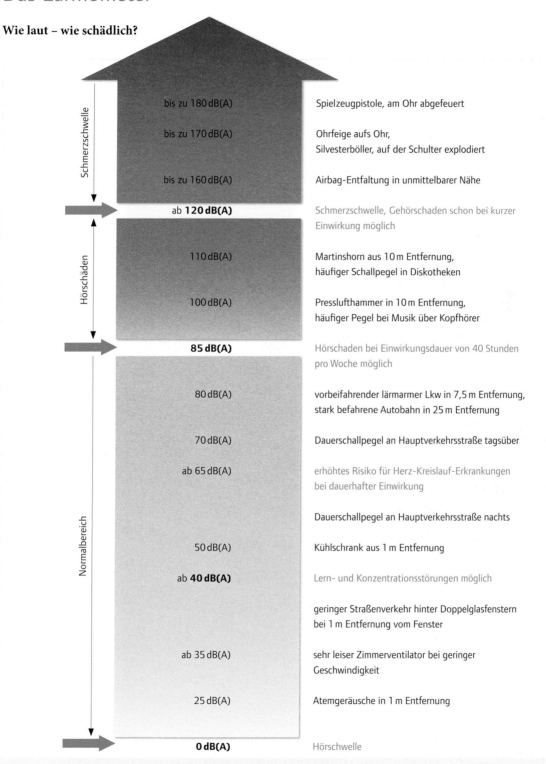

bis zu 180 dB(A)	Spielzeugpistole, am Ohr abgefeuert
bis zu 170 dB(A)	Ohrfeige aufs Ohr, Silvesterböller, auf der Schulter explodiert
bis zu 160 dB(A)	Airbag-Entfaltung in unmittelbarer Nähe
ab **120 dB(A)**	Schmerzschwelle, Gehörschaden schon bei kurzer Einwirkung möglich
110 dB(A)	Martinshorn aus 10 m Entfernung, häufiger Schallpegel in Diskotheken
100 dB(A)	Presslufthammer in 10 m Entfernung, häufiger Pegel bei Musik über Kopfhörer
85 dB(A)	Hörschaden bei Einwirkungsdauer von 40 Stunden pro Woche möglich
80 dB(A)	vorbeifahrender lärmarmer Lkw in 7,5 m Entfernung, stark befahrene Autobahn in 25 m Entfernung
70 dB(A)	Dauerschallpegel an Hauptverkehrsstraße tagsüber
ab 65 dB(A)	erhöhtes Risiko für Herz-Kreislauf-Erkrankungen bei dauerhafter Einwirkung
	Dauerschallpegel an Hauptverkehrsstraße nachts
50 dB(A)	Kühlschrank aus 1 m Entfernung
ab **40 dB(A)**	Lern- und Konzentrationsstörungen möglich
	geringer Straßenverkehr hinter Doppelglasfenstern bei 1 m Entfernung vom Fenster
ab 35 dB(A)	sehr leiser Zimmerventilator bei geringer Geschwindigkeit
25 dB(A)	Atemgeräusche in 1 m Entfernung
0 dB(A)	Hörschwelle

Schmerzschwelle — Hörschäden — Normalbereich

→ 1

3 Stimmen sind verschieden

Die menschliche Stimme ist ein vielseitiges Instrument. Sie kann einem Geliebten oder Vorgesetzten schmeicheln, einem Gegner drohen und ihn einschüchtern, ein Kind beruhigen, eine Volksmenge aufputschen, aufregend klingen, Geschichten erzählen, die die Fantasie anregen, singen, lachen, klagen.

Neben dem Inhalt gibt sie immer Auskunft über die Gefühle des Sprechenden und ist wesentlicher Ausdruck seiner Persönlichkeit.

» *Warum sind Stimmen individuell verschieden?*

» *Wie entsteht die Stimme bei Menschen und verschiedenen Tieren?*

» *Welche Bedeutung hat die Stimme für die Kommunikation zwischen Menschen bzw. Tieren?*

❶ Tonkurven menschlicher Stimmen untersuchen

Singe den Vokal a mit gleichbleibender Lautstärke, Höhe und Klang der Stimme. Verfahre ebenso mit den weiteren Vokalen. Zeichne jeden Vokal auf getrennten Tonspuren auf. Die Tonspuren einer Person kannst du in einer Datei speichern. Zoome in die Tonspur hinein und schneide jeweils einen typischen Abschnitt für das Protokoll aus.

a   Vergleiche die Tonkurven der Vokale mit denen der Stimmgabeln.

b   Vergleiche die Tonkurven des gleichen Vokals bei verschiedenen Personen.

c   Vergleiche die Tonkurven verschiedener Vokale einer Person.

d   Zeichne die Tonkurven einzelner Worte auf. Vergleiche die Tonkurven des gleichen Wortes von verschiedenen Personen. Vergleiche die Tonkurven der Worte mit denen der Vokale einer Person.

e   Versuche die Stimme einer anderen Person nachzuahmen und vergleiche die aufgezeichneten Tonkurven.

f   Lest euch gegenseitig einen kurzen Textausschnitt vor. Vergleicht Betonung, Stimmmelodie und Schnelligkeit.

❷ Stimmen verfremden

Überlege dir einen Satz, den ein „Erpresser" am Telefon sagen könnte. Zeichne seine Tonspur mithilfe der Software auf und speichere sie. Verändere anschließend den aufgezeichneten Satz mit drei verschiedenen Effekten. Speichere das Endergebnis unter einem neuen Dateinamen und schicke die Datei „anonym" an einen Mitschüler oder eine Mitschülerin. Diese sollen dann versuchen, deine Stimme zu erkennen, indem sie die Effekte rückgängig machen.

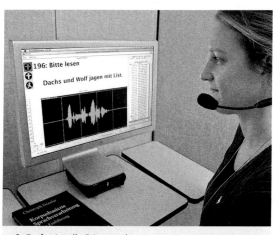

→ 1 Professionelle Stimmanalyse

→ 2 Analysiere die Stimme des Anrufers.

🔖 Aufgaben

❶ Recherchiere zu Bau und Funktionsweise des menschlichen Stimmapparats. Vergleiche mit dem Stimmapparat der Menschenaffen. Erstelle ein Lernplakat und baue ein Funktionsmodell von Kehlkopf und Stimmbändern.

❷ Sprich langsam, laut und deutlich die Vokale a, e, i, o und u, möglichst in derselben Tonhöhe. Beobachte dabei dein Gesicht im Spiegel. Wie verändern sich die Stellung deines Unterkiefers, der Lippen, der Zunge sowie der Innenraum des Mundes? Notiere deine Beobachtungen.

Stimmanalyse überführte Entführer

Madrid. … Die spanische Polizei hatte sich nach bis dahin erfolglosen Ermittlungen im Herbst 1994 mit der Bitte um Hilfe an das Bundeskriminalamt (BKA) gewandt. Den entscheidenden Ansatz zur Lösung dieses nicht nur in Spanien mit großem Aufsehen verbundenen Falles lieferten dann die phonetische Analyse und eine daran anschließende computergestützte Aufbereitung der Stimme eines der Entführer. Nach unermüdlicher Kleinarbeit der Madrider Mordkommission wurden die Täter am 28. September 1995 festgenommen. Es handelte sich um ein Ehepaar, das mit seinem Bäckereibetrieb in finanzielle Schwierigkeiten geraten war. Die Täter gestanden, das Opfer bereits am Tag der Entführung erwürgt und dann mehr als zwei Wochen lang telefonisch Lösegeldforderungen an die Familie gestellt zu haben.

Forensischer Stimmenvergleich • Spezialisten können im Auftrag der Polizei oft schon kleine aufgezeichnete Tonschnipsel zur Verbrechensaufklärung verwenden. Dabei wird die Tatsache genutzt, dass menschliche Stimmen individuell genauso einzigartig sind wie Fingerabdruck oder Gesichtsform.

Aufgezeichnete Tonschnipsel geben zunächst Auskunft über Sprechgeschwindigkeit und -rhythmus, Dialekt und Akzent sowie die soziale Herkunft des Sprechenden, darüber hinaus über eine eventuell vorliegende Erkältung oder Sprachfehler (Lispeln, Stottern). Nebengeräusche erlauben Rückschlüsse, von wo aus jemand angerufen hat. [→ ❷]

Stimmen sind verschieden, weil Kehlkopf, Länge und Dicke der Stimmlippen sowie Nasen-, Mund-, Rachenraum und Gebiss bei jedem Menschen anders gebaut sind. Die Schwingungen der Stimmlippen unterscheiden sich. Ihr Klang wird durch Mund, Nase, Rachen und letztlich den gesamten Körper unterschiedlich stark verstärkt und verändert.

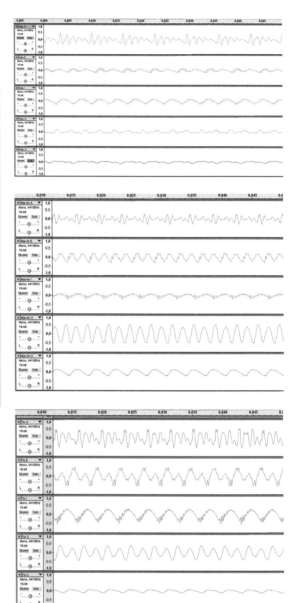

→ 1 Stimmenvergleich: Vokale – gesprochen von drei Personen

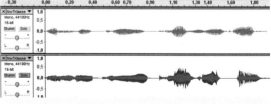

→ 2 Stimmenvergleich: Worte – gesprochen von zwei Personen

Die Stimmenanalyse [→ S. 28/1] zeigt: Die Tonkurven aller gesungenen Vokale bestehen aus sich periodisch wiederholenden Abschnitten. Es handelt sich um Klänge. Die Tonkurven verschiedener Vokale einer Person unterscheiden sich in charakteristischen Details, ebenso die Tonkurven des gleichen Vokals bei verschiedenen Personen. Bei der Tonkurve eines gesprochenen Wortes findet man keine sich periodisch wiederholenden Abschnitte. Hier handelt es sich um Geräusche. [→ ❶]

Wie die menschliche Stimme entsteht

Atmen und Schlucken • Der Kehlkopf liegt als Ventil am oberen Ende der mit Knorpelspangen verstärkten Luftröhre. Dort überkreuzen sich Speise- und Luftröhre. Beim Schlucken klappt der Kehldeckel nach unten und verschließt die Luftröhre, damit die Speisen in die dahinterliegende Speiseröhre gelangen können. Dass wir mit dem Kehlkopf zusätzlich Laute erzeugen können, kam in der Evolution des Stimmapparats nachträglich zur Ventilfunktion hinzu. [→ 1]

Bau des Kehlkopfs • Gelenkig miteinander verbundene Knorpel, Bänder und Muskeln bilden eine Kapsel – den Stimmapparat. Diese ist mit Schleimhaut ausgekleidet. Die Stimmbänder sind keine Saiten, sondern die Innenseiten von zwei in Längsrichtung angeordneten Gewebefalten. Man nennt sie daher treffender Stimmlippen. Den Raum zwischen den beiden Stimmlippen bezeichnet man als Stimmritze. [→ 1–3]

Funktion des Stimmapparats • Durch die an zwei Stellknorpeln ansetzende Kehlkopfmuskulatur werden die Stimmlippen bewegt: Beim Atmen ist die Kehlkopfmuskulatur entspannt und dadurch die Stimmritze geöffnet. Beim Reden oder Singen ist die Kehlkopfmuskulatur gespannt und die Stimmritze (in der Regel) geschlossen.

Töne können wir nur beim Ausatmen erzeugen. Dabei baut sich unterhalb der geschlossenen Stimmlippen ein Druck auf, der die Stimmlippen kurzzei-

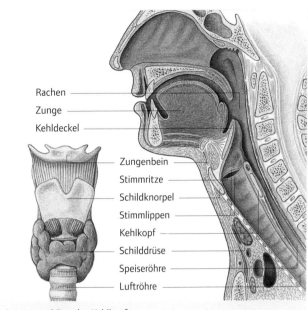

Rachen
Zunge
Kehldeckel
Zungenbein
Stimmritze
Schildknorpel
Stimmlippen
Kehlkopf
Schilddrüse
Speiseröhre
Luftröhre

→ 1 Lage und Bau des Kehlkopfes

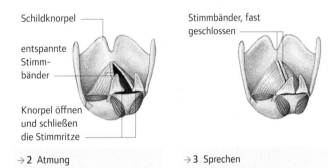

Schildknorpel
entspannte Stimmbänder
Knorpel öffnen und schließen die Stimmritze

Stimmbänder, fast geschlossen

→ 2 Atmung   → 3 Sprechen

tig öffnet. Durch die nach oben entweichende Luft nimmt der Druck unterhalb der Stimmlippen wieder ab. Die Stimmritze schließt sich wieder. Die dadurch portionsweise nach oben entweichende Luft versetzt die Stimmlippen in Schwingungen. Die Tonhöhe hängt von der Länge, Dicke und Spannung der Stimmlippen ab: Bei Kindern sind die Stimmbänder kürzer und beim Sprechen straffer gespannt. Deshalb klingt die Stimme von Kindern höher als die von Erwachsenen. Die meisten Männer haben etwas dickere und längere Stimmbänder. Männerstimmen sind deshalb tiefer als Frauenstimmen.

Kehlkopfklang und Stimme • Die durch die Schwingung der Stimmlippen entstehende Schallwelle ist das Rohmaterial der Stimme. Es entsteht

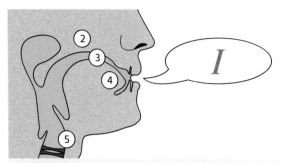 

→ 1 Form des Rachenraums bei unterschiedlichen Vokalen

ein noch undifferenzierter, sehr leiser Laut (Kehlkopfklang oder Primärton). Der Kehlkopfklang wird verstärkt durch Mund-, Nasen- und Rachenraum bei lauten Klängen durch den ganzen Körper. Erst durch die Veränderung der Stellung von Zunge, Lippen, Gaumensegel, Unterkiefer usw. entsteht ein anderer Resonanzraum und damit die verschiedenen Vokale und Konsonanten: Die Untersuchungen mit dem Computer zeigen für jeden Vokal andere Kurven. Sprechen zwei Menschen denselben Vokal, sind die Kurven sehr ähnlich. Darum hören, erkennen und verstehen wir den Vokal. [→ 1]

Durch Lippen, Zunge oder Zähne kann der Rachenraum verschlossen werden. Öffnen wir diesen Verschluss plötzlich und die Luft entweicht, entstehen die Konsonanten p, t, k, g, d. Sie werden auch Verschlusslaute genannt. Beim w, v, f und s lassen wir die Luft durch die Lippen oder die Zähne bei fast geschlossenem Mund strömen.

Weil jeder Mensch einen unterschiedlichen Resonanzraum hat, sind Stimmen von Natur aus verschieden. Professionelle Schauspieler, Sprecher und Sänger haben gelernt, die Resonanzräume verstärkt und gezielt zu nutzen. So können sie ihre Stimme präzise und trotz geringen Kraftaufwands voll tönen lassen.

Wie Tiere sich verständigen

Um sich zu verständigen, verwenden Tiere in der Regel akustische, chemische oder optische Signale. Laute haben oft nur zusammen mit anderen Formen der Kommunikation, z. B. Gerüchen, Mimik oder Bewegungen, eine bestimmte Bedeutung.

Akustische Signale • Viele Tiere benutzen akustische Signale. Jeder kennt das Beispiel des Vogelgesangs, der zum Anlocken eines Weibchens dient oder zur Abgrenzung des Reviers. Viele akustische Signale findet man in Frequenzbereichen, die der Mensch nicht hören kann.

So wie wir Menschen in einer Welt leben, die von optischen Eindrücken dominiert ist, leben Wale und Delfine in einem Lebensraum, in dem der Gehörsinn entscheidend ist. Walforscher gehen davon aus, dass das Schnauben eines Finnwals von seinen Artgenossen noch in vielen Kilometern Entfernung wahrgenommen werden kann. Viele Walarten verwenden zur Orientierung ein Sonarsystem. Die Tiere erzeugen hochfrequente Laute (30–120 kHz), die von den Gegenständen der Umgebung zurückgeworfen werden. Durch Auswertung dieser Signale erhalten sie genaue Informationen über ihre Umwelt. [→ 2]

Lärm im Meer • Wale und Delfine verirren sich aber immer öfter in Gewässer, die sie nicht kennen oder

→ 2 Buckelwal

verenden hilflos am Strand. Forscher halten es für erwiesen, dass die zunehmende, durch Menschen verursachte Geräuschkulisse im Meer eine Ursache für die Orientierungslosigkeit der Meeressäuger ist. [→1]

Schallwellen breiten sich im Wasser schnell und kilometerweit aus. Töne mit niedrigen Frequenzen haben dabei eine größere Reichweite als solche mit hohen Frequenzen. Der Hörsinn spielt für alle an ein Leben im Wasser angepassten Tiere eine große Rolle. Blauwale können sich über mehrere Hundert Kilometer mit Artgenossen verständigen.

Alle Wale orientieren sich in ihrer Umwelt passiv akustisch, indem sie selbst geringste Geräusche zu einem Bild ihrer Umwelt verarbeiten. Zahnwale können sich darüber hinaus aktiv akustisch orientieren. Diese Tiere erzeugen sogenannte Klicks, hochfrequente Laute zwischen 30 kHz und 120 kHz, die von Gegenständen der Umgebung zurückgeworfen werden. Zahnwale finden sich in ihrer Umwelt zurecht, indem sie das zurückkommende Echo analysieren.

Wale und Delfine hören – bei ausreichender Lautstärke – sowohl im Infraschallbereich als auch im Ultraschallbereich. Der größte Teil der sozialen Kommunikation findet jedoch im Bereich zwischen 20 Hz und 20 kHz statt und ist deshalb auch für Menschen hörbar.

Man hat aber herausgefunden, dass die Kommunikation der Tiere untereinander entscheidend ist für den sozialen Zusammenhalt, die Bildung und Identifizierung von Gruppen, die Koordination von Wanderungen, die Abgrenzung von Territorien, die Jagd, die Suche nach Geschlechtspartnern sowie zur Vermeidung von Gefahren.

Ist es im Meer zu laut, so wirkt sich das auf Lebewesen, die sich mit Schall orientieren, ähnlich aus wie Nebel auf die optische Orientierung: Das Bild der Umwelt wird ungenau, die Reichweite und Genauigkeit der Wahrnehmung nehmen ab. Im vergangenen Jahrhundert hat der Geräuschpegel im Wasser, an den die Tiere ursprünglich angepasst waren, durch den boomenden Schiffsverkehr, durch Industrie und Militär um ein Vielfaches zugenommen. Ein großer Öltanker ist unter Wasser so laut wie ein Düsenflugzeug. Luftkanonen werden zur Untersuchung des Meeresgrundes auf der Suche nach Bodenschätzen eingesetzt. Ihre Schallwellen breiten sich bis zu 70 Kilometer weit aus. Immer leistungsfähigere Sonare orten fremde Schiffe und U-Boote. Explosionen zur Förderung von Erdgas, Erdöl, Sand und Kies sowie der Bau von Offshore-Windparks machen unter Wasser noch mehr Krach als Verkehr und Baustellen an Land.

Wölfe • Zur Orientierung brauchen Wölfe einen schnell wirkenden Mechanismus. Wenn ein Rudel heult, vereinen alle Mitglieder ihre Stimmen. Unter günstigen Voraussetzungen kann dieser Chor den Standort eines Rudels über eine Entfernung von 10 km anzeigen. Wenn sich zwei Rudel einer gemeinsamen Grenze nähern, erhöhen sich gleichzeitig die Chancen, dass ihr Heulen gehört wird. Je näher sich die Rudel kommen, desto eher hören die Nachbarrudel das Heulen und vermeiden in der Regel ein Zusammentreffen. [→2]

→1 Gestrandete Wale

→2 Wölfe

→ 1 Mandrill

→ 2 Kohlmeise

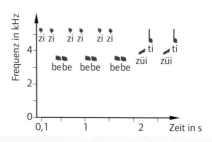

→ 3 Gesang der Kohlmeise

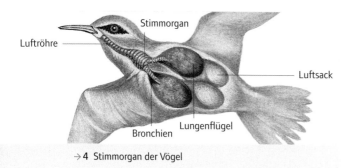

→ 4 Stimmorgan der Vögel

Primaten • Zu den Primaten gehören die Halbaffen und die Affen. Sie sind in der Lage, sich durch vokale Signalmuster mit ihren Artgenossen zu „unterhalten". So verwenden Grüne Meerkatzen akustische Signale in einer Weise, die mit unseren Wörtern vergleichbar ist. Sie haben besondere Alarmsignale für Schlangen, Leoparden und Adler. Dadurch können die Tiere sofort richtig auf den Feind reagieren. Stößt eine Meerkatze einen Alarmruf bei Gefahr durch eine Schlange aus, stellen sich alle Tiere auf die Hinterbeine und richten ihre Blicke auf den Boden. Beim Warnruf vor Leoparden klettern die Affen in die äußersten Zweigspitzen der Bäume. Bei „Adleralarm" suchen die Meerkatzen Deckung im nächstgelegenen Gebüsch.

Lauterzeugung im Tierreich • Alle Säugetiere haben Stimmbänder oder über einem Hohlraum gespannte Häute (Membranen), mit denen sie Laute erzeugen. Bei diesen Tieren wird der typische Klang durch die Gestalt und die Veränderungen des Rachenraums gebildet. Die meisten Tiere erzeugen die Laute wie der Mensch beim Ausatmen. Ausnahmen bilden das Wiehern des Pferdes, das Miauen der Katze, das Winseln des Hundes und das Iah des Esels. Diese Laute werden beim Einatmen erzeugt.

Das Stimmorgan der Vögel sitzt nicht im Kehlkopf, sondern viel tiefer, dort, wo sich die Luftröhre in die beiden Bronchien gabelt. An der Innenseite der Gabelung sitzt bei den Singvögeln auf jeder Seite eine ovale, dünnhäutige Membran. Die an der Membran vorbeiströmende Luft – Vögel atmen ungefähr 20-mal pro Sekunde ein und aus – versetzt diese Membran in Vibrationen. Weil beide Membranen unabhängig angeregt werden, können viele Vögel zweistimmig singen. [→ 4]

Vögel können sowohl beim Ein- als auch beim Ausatmen singen. Dadurch kann fast die gesamte Energie der durch den Stimmapparat strömenden Luft in Lautstärke umgewandelt werden. Beim Menschen sind es nur etwa 2 %. Die Muskelbewegungen am Stimmapparat sind die schnellsten, die man jemals im Tierreich gemessen hat. Bei Staren und Zebrafinken sind sie etwa 100-mal schneller, als ein Mensch blinzeln kann. Da sich die Muskelbewegungen aber auch sehr fein regulieren lassen, ist den Vögeln eine enorme Vielfalt in der Stimmerzeugung möglich.

Delfine erzeugen sehr hohe Pfeiftöne, die wir Menschen gar nicht mehr hören können, die sich im Wasser aber sehr gut über weite Strecken ausbreiten. Jeder Delfin hat seinen eigenen unverwechselbaren Pfeifton. Man hat herausgefunden, dass sie nicht nur das Pfeifen der anderen erkennen, sondern sich sogar beim Namen nennen. [→ S. 33/1]

Fische sind nicht stumm, denn sie erzeugen Laute unter Wasser. Sie besitzen keinen Kehlkopf, ihr Stimmapparat ist die Schwimmblase. Zwischen Schädel und Schwimmblase ist ein Paar Trommelmuskeln gespannt, mit denen der Luftraum in der Schwimmblase wie bei einer Pauke in Vibrationen versetzt wird. [→ S. 33/2]

→ 1 Delfin

→ 2 Fische

→ 3 Heuschrecke

Wenn du mit einer Pappe über die Zinken eines Kamms streichst, entsteht ein Ton. So ähnlich erzeugen viele Insekten Töne. Sie reiben die rauen Flügel aneinander. Heuschrecken erzeugen Töne, indem sie mit ihren quer gerillten Beinen über ihre Flügel streichen. [→ 3]

Warum Menschenaffen nicht sprechen können • In den 1940er Jahren haben US-Wissenschaftler versucht, Schimpansen das Sprechen beizubringen. Dieser Versuch scheiterte nicht an der Sprachfähigkeit der Schimpansen, sondern an ihrer Anatomie: Bei allen Säugetieren außer beim Menschen liegt der Kehlkopf relativ weit oben im Hals. Die Folge: Sie können gleichzeitig atmen und trinken. Beim Menschen können dies nur Säuglinge.

Zwar können Schimpansen und andere Säuger die meisten Laute ebenso hervorbringen wie der Mensch, sie müssen sich dafür aber mehr anstrengen. Wollen Menschenaffen ein langes E oder U hervorbringen, muss sich ihr Kehlkopf stark zusammenziehen. Deshalb haben sie Schwierigkeiten, schnell zwischen verschiedenen Vokalen zu wechseln. Außerdem können Affen ihr Gaumensegel nicht vollständig verschließen. Dadurch klingen die Laute nasal und sind weniger gut unterscheidbar.

Beim Menschen unterbricht der vorübergehende Verschluss des Gaumensegels den Ausatemstrom kurzzeitig. Es entsteht ein kleiner Luftstau mit Luftwirbeln am Rand der Stimmlippen, der neben der veränderten Stellung der Zunge Grundlage der Konsonantenbildung ist. Beim Menschen ist der Rachen als Resonanzraum besonders lang. Weil die Luft hier länger vibriert, kann eine Vielzahl verschiedener Töne und Klänge gebildet werden.

Ein weiterer Unterschied: Bei Menschenaffen liegt die Stimmritze auf der Höhe des Zungenbeins, beim Menschen weiter unten. Dass Schimpansen nicht sprechen können, liegt also nicht an ihrer Intelligenz. Es ist möglich, Menschenaffen Grundzüge der Zeichensprache beizubringen. [→ 4]

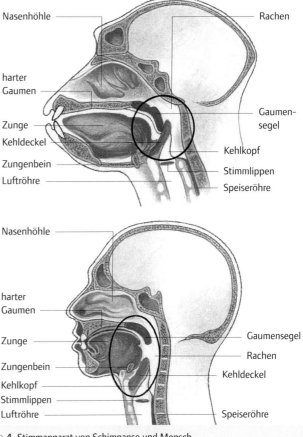

→ 4 Stimmapparat von Schimpanse und Mensch

4 Aus Tönen wird Musik

Erklingen zwei Töne gleichzeitig, mischen sich diese und wir erhalten einen Klang. Dieser kann unangenehm – dissonant – sein. Viele Töne passen aber gut zusammen. Man sagt, sie erzeugen einen harmonischen Klang. Der besondere Klang eines Instruments hängt stark vom verwendeten Material ab, da dieses unterschiedlich stark mitschwingt. So werden aus Tönen Klänge. Hören wir ein Musikstück, so können wir unsere Aufmerksamkeit einerseits auf ein einzelnes Instrument lenken, aber auch das gesamte Musikstück als Klangteppich wahrnehmen.

» *Wie entstehen Töne, Klänge und Geräusche?*

» *Warum klingen Musikinstrumente?*

» *Welcher Zusammenhang besteht zwischen der Größe eines Instruments, seiner Lautstärke und Tonhöhe?*

» *Wie kann man einfache Musikinstrumente selbst bauen?*

❶ Tonvergleich am Monochord

Spanne und entspanne die Saite des Monochords vorsichtig. Ändere mithilfe des Stegs die Länge der schwingenden Saite. Zupfe die Saite an. Wie verändert sich jeweils der erzeugte Ton?

Notiere deine Beobachtungen in Je-desto-Sätzen.

a Zupfe und lass die ganze Saite schwingen. Suche dann durch Unterschieben des Stegs den zugehörigen Ton eine Oktave höher. Was lässt sich über die Saitenlängen im Vergleich sagen?

b Verkürze die Saitenlänge auf zwei Drittel bzw. drei Viertel. Welchen Ton erhältst du?

c Versuche eine Tonleiter zu spielen. Wie musst du dazu die Saite verkürzen? Notiere die Regeln.

d Drücke die Saite bei zwei Dritteln ihrer Länge nicht ganz ab, sondern lege nur den Finger leicht auf. Zupfe die Saite oberhalb und unterhalb der fixierten Stelle. Notiere die Beobachtungen und vergleiche mit deinen Erwartungen.

❷ Gleichklang

Stimme die beiden Saiten eines Monochords auf denselben Ton. Unter eine der Saiten wird ein Steg geklemmt und vom Ende der Saite her langsam zur Mitte verschoben.

Zupfe immer wieder beide Saiten gleichzeitig an und achte auf den Klang. An welcher Stelle steht der Reiter, wenn die beiden Töne nicht mehr als Klang zweier Saiten zu unterscheiden sind?

❸ Tonvergleich bei der Gitarre

Vergleiche die Töne zweier benachbarter Gitarrensaiten. Verändere die Länge der höher klingenden Saite, indem die Saite mit dem Zeigefinger niedergedrückt wird. An welcher Stelle klingen beide Saiten so ähnlich, dass man nur einen Ton zu hören meint, obwohl sie zugleich angezupft werden?

❹ Intervalle an der Lochsirene

Stelle die Drehzahl der Scheibe mithilfe eines Stroboskops auf 10 Umdrehungen pro Sekunde ein.

Blase die innere Lochreihe mit einer Pipettenspitze an. Um Verletzungen zu vermeiden, solltest du zwischen Pipette und Mund ein kleines Schlauchstückchen anbringen. Beschreibe den Ton. Fertige fürs Protokoll eine Tabelle an. Zähle die Löcher auf den einzelnen Kreisen und trage die Anzahl sowie die Frequenz in die ersten beiden Spalten ein.

a Blase die einzelnen Lochreihen nacheinander von innen nach außen an. Notiere eine allgemeine Regel für den Zusammenhang zwischen Lochzahl und Tonhöhe.

b Der von der innersten Reihe erzeugte Ton heißt Grundton. Vergleiche mit dem von der äußersten Lochreihe erzeugten Ton. Notiere in der 3. Tabellenspalte sein Intervallverhältnis zum Grundton und in der 4. Tabellenspalte den Fachausdruck aus der Musik. Verfahre ebenso mit dem Rest der 3. und 4. Tabellenspalte.

c Berechne jeweils die Intervalle zu den Nachbartönen und trage sie in die 5. Spalte ein. Was fällt dir auf?

d Verändere die Drehzahl des Motors und blase nacheinander wieder alle Lochreihen an. Fasse deine Beobachtungen in zwei Regeln zusammen.

→ 1 Lochsirene

Lochzahl	Frequenz (Lochzahl mal Anzahl der Umdrehungen je Sekunde)	Intervall zum Grundton	Name des Tonintervalls	Intervall zwischen den Nachbartönen
24	240 Hz	1 : 1	Prim	.....

Aufgaben

4

① Sortiere die aufgeführten Instrumente nach der Art der Schallerzeugung: Trompete, Xylophon, Triangel, elektronische Orgel, Violine, Glocke, Trommel, Posaune, Mundharmonika, Synthesizer, Rassel, Klavier, E-Bass, Schüttelrohr, Gong, Keyboard, Kirchenorgel, Hammondorgel, Saxophon, Klarinette, Harfe, Gitarre, Dudelsack, Holztrommel, Akkordeon, Cello.

② Eine gespannte Saite allein macht noch keinen hörbaren Ton. Erst wenn der Korpus der Geige mitschwingt, wird der Ton hörbar. Begründe, warum man mit der Geige keine tiefen Töne wie mit dem Kontrabass erzeugen kann, selbst wenn die Saite entsprechend schwach gespannt wird.

③ Die Saiten einer Gitarre sind alle gleich lang, klingen aber in unterschiedlicher Tonhöhe. Erkläre, warum das möglich ist.

④ Nenne verschiedene Möglichkeiten, Töne zu erzeugen, die den Abstand von einer Oktave haben.

⑤ Der Umfang der menschlichen Stimme reicht von 85 Hz bis etwa 1100 Hz. Wie viele Oktaven sind das?

⑥ Die Sopranflöte (auch c-Flöte genannt) ist vom Tonspalt bis zum Ende 28 cm lang. Die Tenorflöte ist genau doppelt so lang. Wie unterscheiden sich die tiefsten Töne? [→ 1]

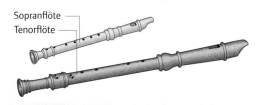

Sopranflöte
Tenorflöte

→ 1 Sopran- und Tenorflöte

⑦ Der Kammerton a hat eine Frequenz von 440 Hz. Um wie viele Oktaven ist ein Ton von 3520 Hz höher als der Kammerton a?

⑧ Leise Musik kann man nur hören, sehr laute dagegen auch „im Bauch" spüren. Dabei wird das Zwerchfell, der Muskel, der Bauch- und Brustraum trennt, in Schwingung versetzt. Erkläre, warum die Zwerchfellschwingungen nur von sehr lauter Musik ausgelöst werden.

⑨ Eine Orgel besteht aus verschieden langen Pfeifen. Manche sind nur wenige Zentimeter lang, die größten sind mehrere Meter lang. Welche Pfeifen machen die tiefen Töne? Begründe. [→ 2]

→ 2 Orgelpfeifen

⑩ Eine Saite von 120 cm Länge wurde gerade so gespannt, dass sie mit 200 Hz schwingt. Mit welcher Frequenz schwingt diese Saite, wenn sie mit einem Steg halbiert wird?

⑪ Ein Ton wird zuerst auf einer Geige und dann auf einer Flöte gespielt. Stelle den unterschiedlichen Klang mithilfe von Schwingungsbildern dar.

⑫ Beschreibe den Unterschied im Schwingungsbild zwischen einem Knall und einem Ton.

⑬ Bei Saiteninstrumenten hat jedes Instrument einen bestimmten Frequenzbereich. Erläutere, wovon dieser Bereich abhängt.

⑭ Ein Klavier hat einen Tonumfang von sieben Oktaven. Einer der tiefsten spielbaren Töne ist das C_1. Er hat eine Frequenz von 33 Hz. Bestimme die Frequenz des höchsten spielbaren Tons (c^5).

→ 3 Saiten in einem Flügel

Töne – Klänge – Geräusche

Töne • Schwingt der Schallerreger nur mit einer Frequenz, ist das Schwingungsbild sinusförmig. Dies trifft z. B. auf eine einzelne schwingende Stimmgabel zu. Diese Töne lassen sich durch Tonhöhe und Lautstärke charakterisieren. Bei lauten Tönen ist die Amplitude der zugehörigen Tonkurve höher als bei leisen, bei hohen Tönen ist die Frequenz der Tonkurve höher als bei tiefen. [→ 1]

Klänge • Überlagern sich mehrere Töne, so entsteht ein Klang. Dies ist beispielsweise der Fall, wenn das gemeinsame Schwingungsbild mehrerer Stimmgabeln aufgezeichnet wird. Auch bei Saiten entstehen Klänge, mehr dazu auf → S. 41.

Geräusche • Von Geräuschen spricht man, wenn die Tonkurve unregelmäßig geformt ist, weil der Verlauf der Schwingung nicht periodisch ist.
Die Übergänge zwischen Klängen und Geräuschen sind fließend.

Musikinstrumente

Der Wind als Musikant • Manchmal kann man an Überlandleitungen seltsame Töne hören – sie „singen". Schon in der Antike machte man die Beobachtung, dass in der freien Natur aufgehängte Saiten gelegentlich Töne von sich gaben, führte dies aber auf Zauberei zurück. Weil der Wind sie zum Klingen bringt, sind diese Wind- oder Äolsharfen nach dem griechischen Gott der Winde benannt. [→ 2]

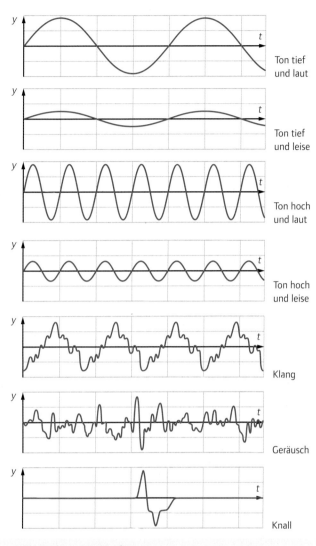

Ton tief und laut

Ton tief und leise

Ton hoch und laut

Ton hoch und leise

Klang

Geräusch

Knall

→ 1 Töne – Klänge – Geräusche

→ 2 Windharfen

Frequenz	Name des Tons	Name des Tonintervalls	Intervall zum Grundton (gerundet)	Intervall zwischen Nachbartönen	Tonschritt
261,6 Hz	C	1 Prime	1 : 1		
293,7 Hz	D	2 Sekunde	9 : 8	8 : 9	großer Ganzton
329,6 Hz	E	3 Terz	5 : 4	10 : 9	kleiner Ganzton
349,2 Hz	F	4 Quarte	4 : 3	16 : 15	Halbton
392,0 Hz	G	5 Quinte	3 : 2	9 : 8	großer Ganzton
440,0 Hz	A (Kammerton)	6 Sexte	5 : 3	10 : 9	kleiner Ganzton
493,9 Hz	H	7 Septime	15 : 8	9 : 8	großer Ganzton
523,2 Hz	C	8 Oktave	2 : 1	16 : 15	Halbton

Systematisch untersucht wurden sie erst durch den Jesuitenpater und Universalgelehrten ATHANASIUS KIRCHER (1602–1680). Sie sind so vielgestaltig wie kein anders Musikinstrument. Allen gemeinsam ist aber, dass der Wind an einem dünnen gespannten Seil vorbeistreicht und dieses zum Schwingen anregt. Der dabei entstehende Ton wird über einen Klangkörper verstärkt. Erst zu Beginn des 20. Jahrhunderts konnte dieses Phänomen geklärt werden: Bläst der Wind mit hinreichend großer Geschwindigkeit (ab ca. 20 km/h), bilden sich hinter dem schwingenden Seil die Wirbelstraßen, diese regen die Seile zu Schwingungen an.

Die Dur-Tonleiter • Tonleitern sind eine Folge von Tönen mit festgelegten Frequenzen – in der Musik als Intervalle bezeichnet. Die bekannteste ist die C-Dur-Tonleiter, bei der die Quotienten der Frequenzen durch ganze Zahlen im Zähler und Nenner beschrieben werden können. Sie baut auf dem tiefsten Ton, dem Grundton auf, der eine beliebige Frequenz haben kann. Das Intervall zwischen einem Grundton und dem Ton mit halber sowie doppelter Frequenz des Grundtons wird jeweils als eine Oktave bezeichnet. Der Abstand dazwischen kann in verschiedene Intervalle unterteilt werden. In der gewohnten europäischen Musiktradition umfasst eine Oktave 8 Töne. Dabei haben die Töne fast immer ein Intervall von zwei Halbtonschritten (große Sekunde). Die Dur-Tonleiter hat zwischen der 3. und 4. Stufe und zwischen der 7. und 8. Stufe nur einen Halbtonschritt (kleine Sekunde). [→ Tabelle]

Die Ordnung der Töne • Lassen wir zwei Töne zugleich erklingen, mischen sich diese und wir hören einen Klang. Ein Klang kann sehr unangenehm – dissonant – sein. Viele Töne passen aber gut zusammen und erzeugen einen harmonischen Klang. Zwei verschiedene Töne können sogar völlig miteinander verschmelzen und wie ein Ton klingen. Beim Monochord verschmelzen die beiden Töne, wenn der Steg genau in der Mitte steht, die Saite also halbiert wird. Kurz davor und danach entstehen dissonante Klänge. Wird die halbe Saite noch einmal halbiert, er-

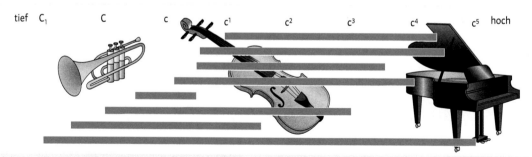

| tief | C_1 | C | c | c^1 | c^2 | c^3 | c^4 | c^5 | hoch |

Querflöte
Violine
Trompete
Klarinette B
Pauke
Violoncello
Kontrabass
Klavier

→ 1 Der Beginn der Folge der Oktaven ist willkürlich, denn zu jedem Ton kann seine Oktave gefunden werden. In der Grafik wird der tiefste Ton des Klaviers als C_1, seine Oktave c, die nächste als c^1, dann c^2 usw. bezeichnet. Der Tonumfang der anderen Instrumente wird hier ebenfalls in Oktaven angegeben.

klingt also ein Viertel der Saite, verschmelzen die beiden Töne wieder. Die halbierte Saite klingt deutlich höher als die ganze Saite, dennoch sind beide fast nicht zu unterscheiden, wenn sie zusammen erklingen. Dieser Tonabstand wird Oktave genannt.

Erklingen zwei Töne gemeinsam, die den Abstand einer Oktave haben, sind sie für das menschliche Ohr kaum unterscheidbar. Die Oktave bildet eine Grundlage für die Ordnung der Tonhöhen. Auch der Tonumfang des Gehörs kann in Oktaven angegeben werden. So umfasst das menschliche Gehör vom tiefsten bis zum höchsten hörbaren Ton etwa 10 Oktaven. Bei jungen Menschen ist dieser Tonumfang etwas größer als bei älteren. [→ ①–④]

Tonhöhe und Größe der Schallquelle

Wird ein Metallstab etwa ein Viertel seiner Länge unterhalb des oberen Endes gehalten, erklingt er mit klarem Ton. Wird ein längerer Stab an der gleichen Stelle gehalten und angeschlagen, erklingt er tiefer. Man kann zeigen, dass er nicht über seine ganze Länge vibriert. Ähnlich wie bei den Musikinstru-

→ 2 Chladni-Figuren

menten zeigen auch alle diese Untersuchungen: Je größer und länger der Stab, je länger die Röhrchen, je größer der Teller, desto tiefer der Ton. Man kann den Stab auch an anderen Stellen halten und hört nach dem Anschlagen wieder einen klaren Ton. Dieser Ton ist höher. Und man findet wieder mehrere Stellen, die nicht vibrieren. Auch mit Sand bestreute Platten zeigen, dass zu jedem Ton ein bestimmtes Muster gehört. Es vibrieren also nur bestimmte Teile der ganzen Fläche. [→ 1]

Chladni-Figuren • Als Erster untersuchte der Physiker Ernst Florens Friedrich Chladni (1756–1827) das Verhalten von Platten, die mit einem Geigenbogen zum Vibrieren gebracht wurden. Zur besseren Beobachtung streute er Sand auf die Platten. Weil der Sand nur in den Bereichen liegen bleibt, die nicht mitschwingen, ergeben sich symmetrische Figuren. Zu jedem Ton gehört bei jeder Plattenform ein typisches Muster. [→ 2] Je kürzer die vibrierenden Abschnitte eines klingenden Stabes sind und je kleiner die vibrierenden Bereiche einer klingenden Fläche, desto höher der Ton.

Saiteninstrumente • Eine gespannte Saite macht noch keinen Ton. Jede vibrierende Saite muss eine größere Fläche zum Mitschwingen anregen, damit der Ton hörbar wird. Für hohe Töne müssen kleine Flächen mitschwingen oder größere Flächen ein Muster aus kleinen Flächen bilden. Je tiefer der Ton, desto größer die mitschwingende Fläche.
Bei der Geige ist die Rückseite, der sogenannte Boden, gerade groß genug für ihre tiefsten Töne. [→ S. 40/1]

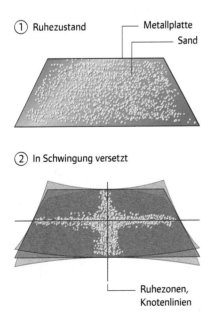

① Ruhezustand — Metallplatte — Sand

② In Schwingung versetzt

Ruhezonen, Knotenlinien

→ 1 Entstehung der Chladni-Figuren

→ 1 Schwingungen am Korpus einer Geige werden durch aufgestreutes Pulver sichtbar gemacht.

→ 2 Maultrommel

→ 3 Pauke

→ 4 Violine

→ 5 Saxophon

Warum klingen Musikinstrumente? • Die ältesten Musikinstrumente sind Trommeln, Rasseln und Musikbögen. Fast alle Musikinstrumente haben Hohlräume, die den Klang verstärken. Bei der Maultrommel [→ 2] übernimmt das z. B. die Mundhöhle. Außerdem haben sie unterschiedliche Mechanismen, um verschiedene Klänge zu erzeugen. In der Musikwissenschaft ordnet man Instrumente nach der Art der Klangerzeugung in verschiedene Gruppen. Entscheidend für die Zuordnung ist der wichtigste schwingende Teil des Instruments.

Man unterscheidet:

– *Idiophone* (Selbstklinger) sind alle Musikinstrumente, die durch Schlagen, Schütteln, Schrappen, Zupfen oder Reiben in Schwingung versetzt werden können und dadurch selbst Klangträger sind, z. B. Becken.
– *Membranophone* (Fellklinger) sind alle Musikinstrumente, deren Ton mithilfe einer gespannten Membran, erzeugt wird, wenn man sie durch Schlagen in Schwingung versetzt, z. B. Pauke. [→ 3]
– *Chordophone* (Saitenklinger) sind alle Musikinstrumente, deren Ton auf der Schwingung einer oder mehrerer gespannter Saiten beruht, z. B. Violine. [→ 4]

– *Aerophone* (Luftklinger) sind alle Musikinstrumente, in denen Luft durch einen Luftstrom in Schwingung versetzt wird, z. B. Flöte oder Saxophon. [→ 5]
– *Elektrophone* (elektronische Musikinstrumente) sind alle Musikinstrumente, deren Klangerzeugung auf elektronischem Weg erfolgt. Dabei stellen elektrisch verstärkte Saiteninstrumente eine elektromechanische Zwischenform dar, z. B. E-Gitarre.

Streichinstrumente • Bei diesen Instrumenten hängt die Tonhöhe von mehreren Faktoren ab:

→ 6 Berühmt für ihren Klang – eine Stradivari

– *Saitendicke:* Je dicker die Saite, desto tiefer der Ton.

– *Saitenspannung:* Je größer die Spannung der Saite, desto höher der Ton.

– *Saitenlänge:* Je länger die Saite, desto tiefer der Ton.

Saiten erzeugen nicht reine Töne (wie z. B. eine Stimmgabel), sondern Klänge, d. h., zum Grundton klingen mehrere Obertöne mit. Diese entstehen, weil eine Saite nicht nur in voller Länge, sondern zugleich in zwei, drei oder mehr Abschnitten schwingen kann. [→ 1, 2]

Der Klang eines Instruments wird auch stark vom verwendeten Material bestimmt, da dieses unterschiedlich stark mitschwingt. Bei der Lochsirene sind die Töne umso tiefer, je weniger Löcher pro Sekunde von Luft durchströmt werden. Große Trommeln klingen tiefer als kleine und Trommeln mit straff gespanntem Fell klingen höher als solche mit weniger gespanntem.

Bei Blasinstrumenten hängt die Tonhöhe von der Länge der schwingenden Luftsäule ab. Bei Flöten, Oboen und Klarinetten kann diese durch die Anzahl der verschlossenen Löcher verändert werden. Je mehr Löcher verschlossen sind, desto tiefer klingt das Instrument. Größere Instrumente klingen tiefer als kleine.

Resonanz in der Musik • Musiker bezeichnen den Korpus eines Saiteninstruments häufig auch als „Resonanzkasten". Dabei verkennen sie, dass hier Resonanz eigentlich unerwünscht ist. Der Holzkasten eines Saiteninstruments wird von der Schwingung der Saite stets mit deren augenblicklicher Frequenz zum Mitschwingen angeregt.

Durch den Korpus vergrößert sich die „schwingende Fläche" bezüglich der umgebenden Luft und der Ton wird lauter abgestrahlt. Nur gelegentlich gerät der Korpus in Resonanz – im physikalischen Sinn. Dann schwingen der Holzboden oder die Decke in ihrer Eigenfrequenz mit und man vernimmt einen sehr rauen Mischton, den die Musiker dann als „Wolf" bezeichnen.

Durch geeignete Positionierung des Stimmstocks zwischen Boden und Decke innerhalb des Korpus versuchen Instrumentenbauer den unerwünschten Wolf zu vermeiden bzw. zu mindern. [→ 3]

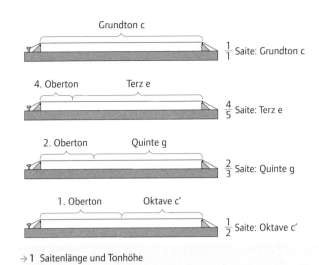

→ 1 Saitenlänge und Tonhöhe

Überlagerung der einzelnen Schwingungen

→ 2 Überlagerung der Einzelschwingungen

→ 3 Instrumentenbau

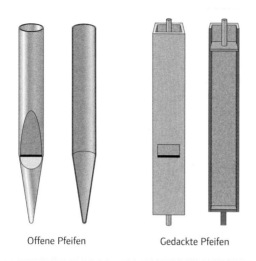

Offene Pfeifen   Gedackte Pfeifen

→ 1 Unterschiedliche Pfeifen

→ 2 Pfeifen einer Orgel

Offene und gedackte Pfeifen

An einem beidseitig offenen Rohr (offene Pfeife) von etwa 3 cm Durchmesser lassen sich Töne durch kurzes Aufschlagen mit der flachen Hand erzeugen. Je länger das Rohr ist, desto tiefer ist der erzeugte Ton. Lässt man die Hand nach dem Klopfen liegen (gedackte Pfeife), hört man einen Ton, der um eine Oktave tiefer ist als beim offenen Rohr mit gleicher Länge. [→ 1]

Jede Pfeife kann normalerweise nur einen Ton erzeugen. Für eine Orgel benötigt man deshalb eine Vielzahl unterschiedlicher Pfeifen. [→ 2]

Wie bei einer schwingenden Saite, die an zwei Enden fest eingespannt ist, führen auch die Luftteilchen im Rohr eines Blasinstruments Schwingbewegungen zwischen den zwei Enden aus.

Im Gegensatz zu einer Auf- und Abbewegung bei einer Saite schwingen die Luftteilchen in Längsrichtung hin und her, ohne ihren Platz im Wesentlichen zu verlassen. Dabei entstehen Stellen, an denen die Teilchen dichter zusammenrücken und Stellen mit lockerer Anordnung. Da die Schwingungsrichtung der Luftteilchen längs der Ausbreitungsrichtung des Schalls liegt, spricht man hier von Längswellen. [→ 3]

Im Rohr eines Blasinstruments wird die Wanderbewegung der Verdichtungen und Verdünnungen durch die Enden des Rohrs begrenzt. Diese werden dort reflektiert – wie bei einem Echo. Dadurch bilden sich – wie bei einer Saite mit Grund- und Obertönen – nur bestimmte Schwingungsformen aus, die ebenfalls zu charakteristischen Klängen führen.

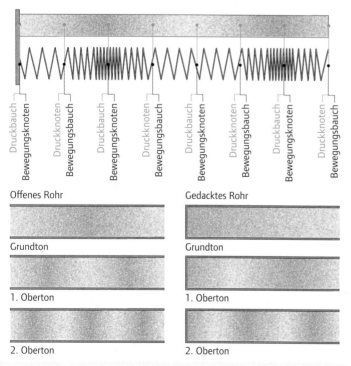

→ 3 Vergleich stehender Wellen

Musikinstrumente selbst bauen

Wir haben Instrumente herausgesucht, die man mit einfachen Werkzeugen bauen kann und für die man günstig Baumaterialien im Baumarkt bekommt. Auch das Spielen auf diesen Instrumenten lernt man schnell. Weitere Anleitungen zum Bau von Musikinstrumenten findet ihr im Internet.

Bevor ihr mit dem Bau der Musikinstrumente beginnt, solltet ihr absprechen, ob am Ende jeder sein eigenes Instrument mit nach Hause nimmt oder ob ihr in Gruppenarbeit ein Instrument für den weiteren Gebrauch in der Schule herstellt. Die meisten der hier vorgestellten rhythmischen Instrumente eignen sich zum Einsatz bei einem gemeinsamen Konzert.

Sicherheitsbestimmungen beachten! • Vor der Arbeit mit der Bohrmaschine, der Stich- oder Dekupiersäge müsst ihr gegebenenfalls die Haare zusammenbinden. Beim Bearbeiten von harten Materialien setzt ihr eine Schutzbrille auf, um eure Augen vor Splittern zu schützen. Eure Hände könnt ihr zusätzlich mit Arbeitshandschuhen schützen.

Devilchaser aus Bambus • Devilchaser werden mit der Schlagzone auf die Hand geschlagen und erzeugen am schmalen Riss ein schnarrendes Geräusch. Entscheidend ist die Auswahl der Bambusrohre. Ihr Durchmesser kann zwischen 2,5 cm und 6 cm liegen. Sie dürfen keine Risse oder fleckigen Stellen haben. Ihre Knoten sollten nicht zu eng liegen.

Schneidet geeignete Bambusstücke zurecht. Die Knoten des Bambusrohrs sollten nicht in der Mitte der Schnarrzone liegen. Zeichnet die Schnitte in der Schlagzone und den Schnarrschlitz ein. Wählt die Längenverhältnisse von Schlagzone und Schnarrzone ähnlich wie in Bild [→2]. Bei dünneren Bambusrohren können sie entsprechend kürzer sein. Am Ende der Schlitze bohrt ihr jeweils kleine Löcher. Zum Anbringen der Schnitte eignen sich Dekupiersäge oder Laubsäge. Der Schnarrschlitz darf nicht zu breit sein. In die Griffzone könnt ihr noch ein oder zwei Löcher bohren. Damit der Bambus beim Trocknen nicht so leicht einreißt, solltet ihr das Ende des Schnarrschlitzes mit Klebeband oder bunten Bändern umwickeln.

→2 Devilchaser

Klick-Klack aus Bambus • Das Klick-Klack wird mit einem Stock oder Gummischlägel rechts und links vom Knoten angeschlagen. Je nach Länge der Schlitze auf beiden Seiten entstehen unterschiedlich hohe Töne.

Schneidet von einem Bambusrohr mit mindestens 3 cm Durchmesser ein geeignetes Stück ab. Das Ende des Schlitzes reißt nicht so schnell ein, wenn ihr dort zunächst ein kleines Loch bohrt. Bei einer Schlitzlänge auf beiden Seiten im Verhältnis von

→1 Sicherheitsbestimmungen beachten!

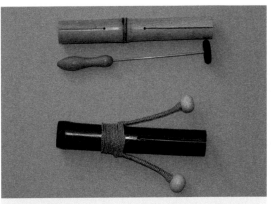

→3 Klick-Klack

1 : 1,5 (z. B. 6 cm und 9 cm) erhaltet ihr eine Quinte, bei einem Verhältnis von 1 : 1,26 eine Terz. Die Schlitze werden mit der Dekupiersäge oder Laubsäge geschnitten und sollten nicht zu breit sein.

Eine weitere Variante erhaltet ihr, wenn ihr nur auf einer Seite einen Schlitz in das Bambusrohr sägt und an der Seite mit Federstahl Holzkugeln befestigt, die beim Hin- und Herbewegen auf den Bambus schlagen. [→ S. 43/3]

Guiro aus Bambus • Das Geräusch wird durch Entlangstreichen an den Rillen mit einem dünnen Holzstab erzeugt.

Wählt ein Bambusrohr mit mindestens 5 cm Durchmesser. Die Abstände zwischen den Knoten sollten mindestens 20 cm betragen.

Zeichnet zuerst den Ausschnitt auf der Unterseite an und sägt ihn mit der Laubsäge oder Dekupiersäge aus. [→ 1] Die Ecken könnt ihr mit der Rundfeile nacharbeiten.

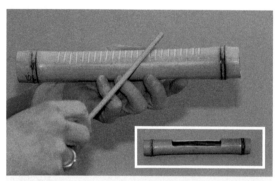

→ **1** Guiro

Sägt oben im Abstand von ca. 5 mm mit der Laubsäge kurze, 1 bis 2 mm tiefe Schlitze ein und verbreitert sie mit der Rundfeile so, dass zwischen zwei Rillen noch 1 bis 2 mm von der Bambusoberfläche stehen bleibt.

Windspiel aus Bambus oder Kupferrohren • Überlegt zunächst, aus wie vielen Röhren mit welcher Tonhöhe euer Windspiel oder Metallophon bestehen soll. Ihr könnt alle Töne einer Dur-Tonleiter oder eine Auswahl davon wählen. Überlegt, wie ihr die Röhren aufhängt. Bei kleinen Windspielen eignet sich dafür ein Holzring, bei großen Metallophonen ein Klappbock. [→ 2]

→ **2** Windspiel (Metallophon)

In der Tabelle findet ihr die ungefähren Längen für 15er-Kupferrohre. Da je nach Produktion die Kupferrohre unterschiedlich ausfallen können, müsst ihr die exakte Länge mithilfe eines Stimmgeräts selbst ausprobieren. Schneidet die Rohre dazu etwas länger, als in der Tabelle angegeben, mit der Metallsäge ab. Durchbohrt sie im Abstand von ca. 50 mm an einem Ende, sodass ihr sie zum Testen aufhängen könnt. Schlagt sie mit einem Holzstab oder Gummischlägel an. Messt den Ton mit dem Stimmgerät und schmirgelt bzw. schneidet gegebenenfalls Millimeter für Millimeter ab, bis ihr den gewünschten Ton erhaltet. Verfahrt so mit allen Rohren, die ihr für euer Metallophon benötigt.

Ton	Länge 15er-Kupferrohr	Länge 50er-Abflussrohr
C	498 mm	905 mm + 210 mm
D	475 mm	815 mm + 335 mm
E	446 mm	765 mm + 250 mm
G	409 mm	850 mm
A	387 mm	755 mm
c	354 mm	615 mm
d	334 mm	555 mm
e	314 mm	
g	288 mm	
a	279 mm	
c´	255 mm	
d´	240 mm	

Zum Schluss hängt ihr die Rohre in der richtigen Reihenfolge so an den Klappbock, dass sie gleichmäßig voneinander entfernt sind. Achtet darauf, dass die Rohre frei hängen.

Lufttrommel aus Abflussrohren • Auf die obere Rohröffnung wird mit einer Art Fliegenklatsche geschlagen. Auch Flip-Flops eignen sich zum Anschlagen. [→1]

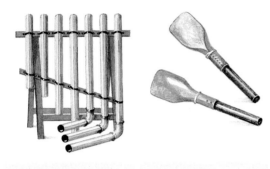

→1 Lufttrommel

Die Rohre werden mit Lochband an einen Klappbock geschraubt. Die ungefähre Länge der Rohre ist in der Tabelle auf →S.44 angegeben. Die exakte Länge ermittelt ihr mit dem Stimmgerät, wie beim Metallophon beschrieben. Damit das Instrument einigermaßen handlich ist, können die längsten Rohre auch gebogen sein. Allerdings sollte die Biegung maximal 87° betragen.

Rasseln • Probiert verschiedene Behältnisse (Blechdosen, Plastikbecher, PET-Flaschen, Gläser) und Füllungen (Senfkörner, Reis, Erbsen, Sand) aus.

Cajón (Holztrommel) • Der Cajón ist eine einfache Kiste, auf der man beim Spielen sitzt. Er ist einfach zu bauen und das Spielen ist leicht zu erlernen.

Zum Bau eines Cajóns benötigt ihr:
- Birkensperrholz, 6,5 mm dick
- (1 Rückplatte 28,7 cm · 45 cm; 2 Seitenplatten 30 cm · 45 cm, je eine Decken- und Bodenplatte 30 cm · 30 cm)
- Flugzeugsperrholz, 1,5 mm dick (1 Frontplatte 46,3 cm · 30 cm)

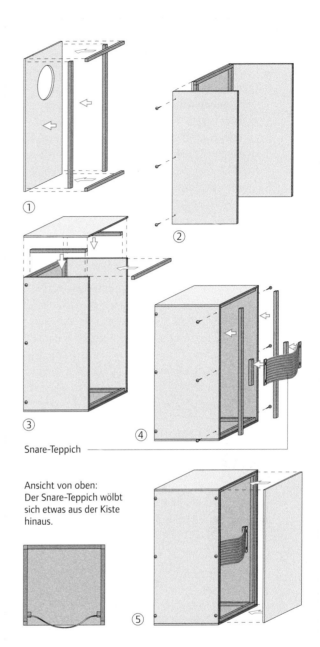

Snare-Teppich ⎯⎯⎯

Ansicht von oben:
Der Snare-Teppich wölbt sich etwas aus der Kiste hinaus.

→2 Bauanleitung Cajón

- Vierkanthölzer, 12 mm · 12 mm (je 4 Stück 30 cm; 28,7 cm und 27,4 cm lang)
- ca. 40 Spax-Rundkopfschrauben, 2 · 16 mm
- Snare-Teppich aus dem Musikgeschäft oder Gitarrensaiten
- Gewebeband für den Tragegriff
- Leim (Ponal Express)

Bauplan:

1. Loch in die Rückplatte schneiden. Beachte: Je größer das Loch, umso tiefer der Klang.
2. Leisten ausmessen, zusägen und auf die Rückplatte bündig leimen.
3. Seitenplatten ankleben und festschrauben.
4. Leisten innen an die Seitenplatten kleben.
5. Boden- und Deckenplatte festkleben.
6. Je eine Leiste vorn oben und unten an die Boden- und Deckenplatte einkleben.
7. Snare-Teppich locker so an ca. 6 cm lange Leisten schrauben, dass die Schrauben das Holz nicht durchstoßen.
8. Den Teppich so oben innen mit den Hölzchen einschrauben, dass er sich etwas aus der Kiste herauswölbt.
9. Flugzeugsperrholzplatte (unbedingt vorbohren) an die Vorderseite schrauben.

(*Empfehlung:* Leisten und Platten können, wenn gewünscht, auch zusätzlich verschraubt werden. Dabei die Bohrlöcher in die Leisten, nicht in die Platten setzen. In der unteren Hälfte die Schrauben mit ca. 5 cm Abstand setzen; in der oberen Hälfte nur halb so viele Schrauben und diese nicht so fest eindrehen.)

Cajón-Spielen

Sounds • Jeder selbst gebaute Cajón hat den optimalen Bass-Sound an einer anderen Stelle – hier muss probiert werden. Am Anfang solltest du drei unterschiedliche Sounds lernen:

- *Bass-Schlag:* mit der hohlen Hand oder Handinnenfläche
- *Snare-* oder *Crash-Schlag:* mit flachen Fingern im oberen Snare-Bereich
- *Tipping:* mit den Fingerspitzen hart am Rand des Snare-Bereichs

Rhythmen • Die drei Rhythmen bilden die Basis für das vorgestellte Stück. Übt die Rhythmen einzeln und in der Gruppe. Nacheinander wird jeder Rhythmus acht Takte lang gespielt. Nun könnt ihr das Tempo steigern: erst vier Takte pro Rhythmus, dann zwei und dann je einen Takt. In eurer Klasse gibt es bestimmt Schülerinnen und Schüler, die relativ sicher improvisieren können. Die Gruppe kann dann einen Rhythmus auswählen, ihn acht Takte lang spielen und die Solisten improvisieren dazu.

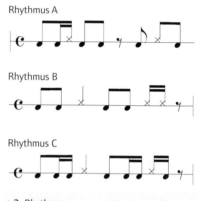

Rhythmus A

Rhythmus B

Rhythmus C

→ 2 Rhythmen

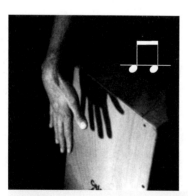

→ 1 Bassschlag

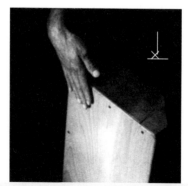

Snare/Crash

Tipping

Ein erster Song auf dem Cajón

1 Oberkörper liegt auf dem Cajón, Bass-Wirbel von pp bis ff (8 Takte).

2 Wirbel wandert zur Snare, Oberkörper richtet sich auf (8 Takte).

3 Stehen in halber Höhe hinter dem Cajón, Wirbel „wandert" von Snare
auf linke (linke Hand) und rechte (rechte Hand) Seitenwand
des Instruments (4 Takte).

4 Rhythmus A auf den Seitenteilen (vier Takte)

→ **2** Cajón

5 Auf der „1" das Cajón nach rechts kippen und halten (1 Takt).

6 links – rechts – kippeln (4 Takte)

7 Auf der „1" des ersten Taktes auf den Cajón setzen,
in Takt 2 und 4 je ein Bass-Schlag auf der „1" (4 Takte).

Bassschlag

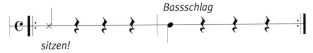

sitzen!

→ **3** Musikunterricht

8 Rhythmusaufbau (4 Takte)

9 Rhythmus A (8 Takte), Solo-Improvisation

10 Rhythmus B (8 Takte)

11 Rhythmus C (8 Takte)

→ **1** Musikbeispiel

→ **4** Cajón-Festival in Peru

5 Vom Schmecken und Riechen

Unsere Leibspeisen schmecken uns so gut, weil wir mit unseren chemischen Sinnesorganen Geschmack und Geruch wahrnehmen können. Nase, Zunge und Rachenraum ermöglichen uns das Schmecken und Riechen. Dadurch können wir verschiedene Geschmacksqualitäten und eine Vielzahl von Gerüchen unterscheiden. Die Kombination der chemischen Sinne ergibt den Gesamteindruck vom Geschmack unserer Leibspeise. Jede Speise hat ihren besonderen Geschmack, jede Blüte ihren besonderen Duft.

» *Wie sind die chemischen Sinnesorgane aufgebaut und wie funktionieren sie?*

» *Welche Geschmacks- und Geruchsstoffe können wir wahrnehmen?*

» *Wie arbeiten Geschmacks- und Geruchssinn zusammen?*

» *Warum schmecken uns manche Speisen besonders gut?*

Hinweis: Die hier beschriebenen Experimente kannst du in der Schule oder zu Hause durchführen. Folge in der Schule den Anweisungen deiner Lehrerin bzw. deines Lehrers. Achte darauf, dass es durch die Experimente keinesfalls zu einer Gesundheitsgefährdung kommt. Wenn du die Versuche zu Hause durchführst, sollte eine erwachsene Aufsichtsperson dabei sein.

→ 1 Geruchssinn im Test

5

❶ Der Geruchssinn im Test

Prüfe in Partnerarbeit, ob du mit deinem Geruchssinn verschiedene Stoffe (z. B. Obst, Getränke, Gewürze, geruchsintensive Pflanzenteile, Süßwaren …) unterscheiden kannst. Protokolliere die Ergebnisse. [→ 1]

a Untersuche, welche Stoffe du mit verbundenen Augen unterscheiden kannst. Tauscht dann die Rollen der Testperson und des Protokollführers.

b Nähere deine Nase der Geruchsprobe. Ermittle die größte Entfernung, in der du den Geruch wahrnehmen kannst.

c Finde heraus, ob und bei welchen Stoffen du feststellen kannst, aus welcher Richtung sich die Geruchsprobe der Nase nähert.

d Halte die Luft an. Nähere deine Nase der Geruchsprobe so weit wie möglich. Kannst du den Geruch wahrnehmen?

e Beschreibe die Geruchsmerkmale der verwendeten Stoffe (z. B. pflanzlich, apfelartig, würzig, schokoladenartig …).

❷ Der Duft der Lebensmittel

Untersuche den Duft von Lebensmitteln.

a Prüfe, ob du verschiedene Lebensmittel (Salate, Obst, Gemüse, Chips, Salzstangen, eingelegtes Gemüse, Wurst, Käse …) mit deinem Geruchssinn erkennen kannst.

b Beschreibe den Geruch der Lebensmittel.

c Untersuche, ob du mehrere unterschiedliche Gerüche bei einer Geruchsprobe feststellen kannst. Notiere die Reihenfolge.

❸ Düfte und Gerüche

a Nimm den Duft verschiedener Geruchsproben (zerriebene Douglasiennadeln, Schimmelkäse, Fisch, Sojasauce …) vorsichtig mit der Nase auf. Notiere die Stoffe, die du besonders intensiv wahrnehmen kannst.

b Beschreibe, welche Stoffe stark, mäßig oder gar nicht über den Geruch zu erkennen sind. Zeige, wie der Mensch auf unangenehme Gerüche reagiert.

❹ Lässt sich der Geruchssinn trainieren?

Erstelle aus möglichst vielen unterschiedlichen und ungefährlichen Duftstoffen eine Sammlung von Duftproben. Verwende dazu kleine mit einem Deckel verschließbare Gläschen.

a Führe in Partnerarbeit eine Testreihe mit verbundenen Augen durch. Bei wie vielen Proben kannst du erkennen, welcher Stoff sich in dem Gläschen befindet?

b Führe unter gleichen Bedingungen weitere Testreihen mit denselben Gläschen durch und notiere, wie viele Duftstoffe du in den jeweiligen Testreihen richtig bestimmen kannst. Beschreibe, wie sich die Anzahl der richtig bestimmten Duftproben mit den zunehmenden Testreihen verändert. Stelle die Anzahl der richtig bestimmten Duftproben in einem Säulendiagramm dar. Zeige daran, wie sich die wiederholenden Testreihen auf die Anzahl der richtigen Nennungen auswirken.

❺ Duftstoffe und Empfindungen

Verhalten und Empfindungen werden durch die Wahrnehmung gesteuert. Inwieweit beeinflussen uns die chemischen Sinne?

a Du erhältst verschiedene Duftstoffe. Stelle aus den vorhandenen Duftproben diejenigen zusammen, die du als angenehm empfindest.

b Untersuche deine schulische und häusliche Umgebung nach Stoffen, die Düfte absondern, um ein angenehmes Klima zu schaffen. Recherchiere, ob diese Stoffe bewusst eingesetzt werden.

Wichtiger Hinweis: Die folgenden Experimente solltest du nur zu Hause unter Aufsicht deiner Eltern durchführen. Achte darauf, dass es durch die Experimente keinesfalls zu einer Gesundheitsgefährdung kommt. Führe ein Protokoll. Beschreibe darin auch immer die verwendeten Stoffe und die Durchführung des Experiments.

❻ Der Geschmackssinn im Test

Untersuche, ob du Getränke und Lebensmittel mit dem Geschmackssinn unterscheiden kannst. Zeige, unter welchen Voraussetzungen dies besonders gut gelingt.

a Verbinde deinem Partner die Augen. Gleichzeitig muss er seine Nase verschließen. Gib ihm mit einem Löffel Proben verschiedener Getränke und notiere das Ergebnis. [→ 1]

b Wiederhole die Experimente mit verbundenen Augen und geöffneter Nase. Beschreibe, wie sich deine Beobachtungen verändern.

❼ Geschmacksempfindungen

Du erhältst vier bis fünf Geschmacksstoffe (Zucker, Salz, Zitronensaft, Bitterelixier, Sojasauce). Stelle verdünnte Lösungen her. Gib dazu einen Teelöffel des jeweiligen Stoffes in 100 ml stilles Wasser.

a Teste die hergestellten Lösungen. Beschreibe deine Geschmacksempfindung mit verbundenen Augen und zugehaltener Nase.

→ 1 Geschmackssinn im Test   →2 Test der Geschmacksempfindung

b Führe die gleichen Versuche nun mit geöffneter Nase durch.

c Tropfe deinem Versuchspartner mit einer Pipette vorsichtig einen Tropfen der verschiedenen Lösungen auf die Zungenregionen. Findet heraus, wo welche Geschmacksrichtung am intensivsten wahrgenommen wird? [→ 2]

d Untersuche, wie sich der Sinneseindruck verändert, wenn du bei leicht geöffnetem Mund mit der Nase einatmest und dadurch einen Luftstrom über die Geschmacksprobe leitest.

❽ Erfassung von Reizschwellen

Bei allen Sinnesorganen gibt es Reizschwellen. Sie geben die Stärke eines Reizes an, die der Mensch

→ 3 Schmeckt diese Lösung salzig?

gerade noch wahrnehmen kann. Zusätzlich gibt es bei jedem Menschen individuelle Unterschiede. Untersuche diese Unterschiede.

a Stelle Zucker- und Kochsalzlösungen mit zunehmender Konzentration her. Gib dazu in Gläser mit 0,2 ℓ stillem Wasser 0,25 g Zucker/Kochsalz; danach 0,5 g; 0,75 g; 1 g; 1,25 g … Bestimme die Stoffmenge, die zur Wahrnehmung mindestens notwendig ist. [→ S. 50/3]

b Prüfe, ob du bei allmählicher Steigerung der Konzentrationen unterschiedliche Geschmacksqualitäten feststellen kannst.

c Vergleiche deine Geschmacksgrenze mit der Geschmacksgrenze deines Partners.

d Führe die Versuche alternativ mit anderen Stoffen durch (z. B. unterschiedliche Konzentrationen von Zitronensaft, Sojasauce, Bitterelixier).

❾ Schärfe in Nahrungsmitteln

Oftmals sprechen wir davon, dass unser Essen scharf schmeckt. „Scharf" ist aber keine unserer bekannten Geschmacksqualitäten – doch was dann?

a Untersuche den Geschmack (*Vorsicht:* Nicht zu viel nehmen!) verschiedener Proben mit „scharfen" Lebensmitteln (Messerspitze scharfer Meerrettich, 1 Tropfen Tabasco, 1 winziges Stück Peperoni, 1 Löffel scharfe Suppe …). Beschreibe, welchen Eindruck die Probe hinterlässt.

b Prüfe, in welchen Bereichen der Zunge bzw. des Gaumens der „Geschmack" wahrgenommen wird. Überlege, ob man in diesem Fall wirklich von „Geschmack" sprechen kann.

c Prüfe, ob man durch den Geruch feststellen kann, ob ein Nahrungsmittel „scharf" schmeckt.

d Würze ein nicht scharf schmeckendes Nahrungsmittel (Banane, Brötchen, Apfel …) mit scharfem Gewürz und teste den Geschmack. Prüfe, ob und wie sich der eigentliche, ursprüngliche Geschmack durch diesen Zusatz verändert.

→ 1 Verschiedene Paprika – unterschiedliche Schärfe

🖊 Aufgaben

❶ Ordne und notiere dir die Bedeutung deiner Sinne. Begründe die Reihenfolge.

❷ Überlege und notiere dir, welche Aufgaben der Geschmacks- und Geruchssinn erfüllen.

❸ Erkläre, weshalb man Geschmacks- und Geruchssinn nicht voneinander trennen kann. Überlege, welchen Anteil Zunge (Geschmackssinn) und Nase (Geruchssinn) bei der Wahrnehmung des Geschmacksempfindens besitzen. Überlege, welches Organ von größerer Bedeutung sein könnte.

❹ Neben den vier „klassischen" Geschmacksrichtungen süß, sauer, salzig und bitter wird nun oftmals auch „umami" als Geschmacksart genannt.

a Überlege, ob du dies durch deine Versuche bestätigen kannst.

b Recherchiere über mögliche weitere Geschmacksqualitäten.

❺ Beschreibe, wie das Essen schmeckt, wenn du Schnupfen hast. Überlege, warum das so ist.

❻ Erläutere, welche weiteren Sinne (außer den chemischen Sinnen) bei der Identifikation von Lebensmitteln helfen. Überlege, welche Sinne bei welchen Lebensmitteln hilfreich sind.

⑦ Versuche zu beschreiben, was für dich eine angenehme „Geruchswelt" ist.

⑧ Informiere dich im Internet über Vorschläge und Bestimmungen, die in Bezug auf das Raumklima in öffentlichen Gebäuden und Schulen gemacht werden.

⑨ Informiere dich über Unternehmen, die zur Verbesserung des Arbeitsklimas usw. Beratungen, Lösungen und verschiedene Düfte anbieten.

⑩ Recherchiere über Trainingsprogramme für Verkoster und Lebensmitteltester und stelle deine Ergebnisse auf einem Poster dar. Zeige, inwieweit man schmecken und riechen „lernen" kann.

⑪ Erkläre, wodurch die individuellen Unterschiede bei den Reizschwellen verursacht werden.

⑫ Es gibt sicherlich Nahrungsmittel, die du überhaupt nicht magst, deine Eltern jedoch sehr gerne essen. Überlege, welche das sind. Untersuche, woran es liegt, dass manche Speisen älteren Menschen besser schmecken.

⑬ Erkläre, inwiefern beim Geschmacks- und Geruchssinn das Schlüssel-Schloss-Prinzip verwirklicht wird. [→1]

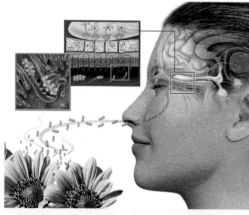

→1 Der menschliche Geruchssinn

⑭ Untersuche, ob man bestimmte chemische Stoffe den Geschmacks- bzw. Geruchsqualitäten zuordnen kann.

⑮ Recherchiere, wie es zu Störungen des Geschmacks- und Geruchssinn kommen kann und wie diese Störungen behandelt werden können.

⑯ Geschmacks- und Geruchssinn scheinen manchmal nicht so wichtig zu sein. Trotzdem leiden Menschen, bei denen die Funktion von Geschmacks- und Geruchssinn eingeschränkt ist, oft sehr stark darunter. Zeige, weshalb dies so ist.

⑰ „Die Chemie muss stimmen" lautet ein bekanntes Sprichwort. Recherchiere nach weiteren Redensarten, die sich auf Geschmack und Duft beziehen. Trage sie auf einem Plakat zusammen. Diskutiere ihren Sinn und Wahrheitsgehalt.

⑱ Informiere dich darüber, ob man beim Menschen von Sexuallockstoffen sprechen kann.

⑲ In vielen Regionen (z. B. Indien, Südostasien) wird sehr scharf gewürzt. Informiere dich darüber, ob den Menschen dort ein anderes Geschmacksempfinden vererbt wird oder sie dieses Geschmacksempfinden durch den Genuss „scharfer" Nahrung erlernen.

⑳ Untersuche, was scharf gewürzte Lebensmittel auf Dauer bewirken können. Sind sie für den Menschen schädlich?

㉑ Die Wunder- oder Mirakelbeere (*Synsepalum dulcificum*) ist ein westafrikanischer Strauch mit kleinen roten Früchten. Nach dem Genuss der Früchte schmecken saure Nahrungsmittel süß. Ihr Wirkstoff ist das Miraculin. [→2]

a Führe eine Recherche zur Funktionsweise dieser Geschmacksveränderung durch. Stelle deine Ergebnisse in geeigneter Form vor.

b Ein heißes Getränk hebt die Wirkung der Beere auf. Zeige, wodurch dieser Effekt ausgelöst wird.

c Westafrikanische Vögel essen vor dem Verspeisen unreifer Früchte Wunderbeeren. Finde eine Erklärung dafür.

→2 Mirakelbeere

Die Zunge entscheidet über den Geschmack

Der Kauvorgang • Damit die Nahrung zerkleinert und der Speisebrei hergestellt werden kann, müssen mehrere Bestandteile des Kauapparats zusammenarbeiten. Am Kauvorgang sind deshalb neben den Zähnen auch Zunge, Kaumuskulatur, Wangen, Mundboden und Gaumen beteiligt. Die Zunge ist für das koordinierte Zerkleinern der Nahrung sehr wichtig.

Aufbau der Zunge • Die Zunge ist ein Muskelorgan. Ihre quer gestreiften Muskelfasern verlaufen in verschiedene Richtungen, damit sich die Zunge frei bewegen kann und alle Stellen der Mundhöhle erreicht. Die Zunge ist mit den Knochen des Unterkiefers, dem Zungen- und Schläfenbein verbunden. Diese Knochen dienen als Widerlager. Den frei beweglichen vorderen Teil der Zunge nennt man Zungenrücken, der hintere Teil wird als Zungengrund bezeichnet und bildet den Übergang zum Rachen. Die Zunge ist zu ihrem Schutz von Schleimhaut umgeben. [→ 1]

Die Geschmacksknospen • Die Sinneszellen für den Geschmackssinn sind zu Geschmacksknospen zusammengefasst, die sich hauptsächlich auf dem Zungenrücken befinden. Einzelne Geschmacksknospen gibt es jedoch auch am weichen Gaumen, der hinteren Rachenwand und am Kehldeckel. Jede Geschmacksknospe enthält 50 bis 150 Geschmackssinneszellen. Diese sind bis zu 75 µm hoch und haben 5 bis 10 µm Durchmesser. Insgesamt besitzt ein Mensch ca. 100 000 Geschmackssinneszellen. Die Sinneszellen sind mit ableitenden Nervenfasern verbunden und erregen diese. Eine Nervenfaser verzweigt sich auf viele Sinneszellen und umgekehrt kann eine Sinneszelle mit mehreren Nervenfasern verbunden sein. [→ 2]

Die Geschmacksknospen befinden sich in Papillen. Nach ihrer Form unterscheidet man Wallpapillen, Pilzpapillen und Blätterpapillen. Die Papillen sind bei genauer Betrachtung als raue Erhebungen auf der Zunge erkennbar.

Nach Aufnahme der Nahrung gelangen die Geschmacksstoffe zu den Geschmacksknospen. Spüldrüsen scheiden ein Sekret aus, das die Geschmacksknospen reinigt.

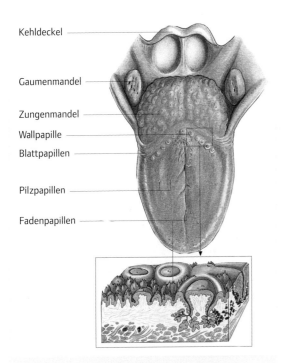

Kehldeckel
Gaumenmandel
Zungenmandel
Wallpapille
Blattpapillen
Pilzpapillen
Fadenpapillen

→ 1 Aufbau der Zunge

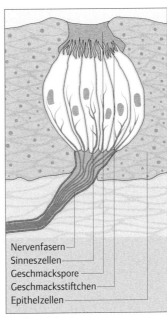

Nervenfasern
Sinneszellen
Geschmackspore
Geschmacksstiftchen
Epithelzellen

Geschmacksknospe

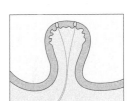
Pilzpapille

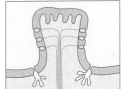
Blätterpapille

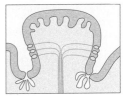
Wallpapille

→ 2 Aufbau der Papillen

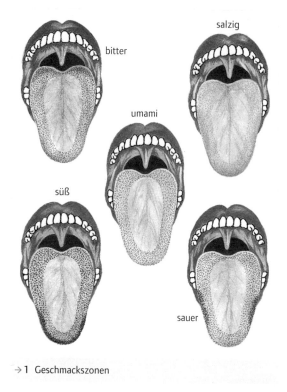

→ 1 Geschmackszonen

Die fünf Geschmacksqualitäten • Beim Menschen und bei Wirbeltieren gibt es fünf primäre Geschmacksqualitäten: süß, sauer, salzig, bitter und umami. Die Bezeichnung umami stammt aus dem asiatischen Raum und bedeutet „würzig". Damit wird der Geschmack von Glutamat, Sojasauce und Gewürzen beschrieben. Über andere Geschmacksqualitäten (z. B. fettig oder metallisch) werden weitere Untersuchungen durchgeführt.

Die fünf Geschmacksqualitäten können prinzipiell mit jedem Bereich der Zunge wahrgenommen werden, denn überall gibt es die geeigneten Papillentypen. Bei Experimenten kann man jedoch feststellen, dass die Stärke der Geschmackswahrnehmung nicht gleichmäßig über die Zunge verteilt ist. Beispielsweise verspürt man „süß" vor allem an der Zungenspitze, „bitter" vor allem am Zungengrund. Die Unterschiede in der Wahrnehmung werden durch den unterschiedlichen Aufbau der Papillen und Geschmacksknospen verursacht. [→ 1]

Stoffliche Grundlagen • Damit wir den Geschmack „süß" empfinden, müssen die Geschmacksstoffe in den Geschmacksknospen an ganz bestimmte *Rezep-*

torproteine binden. Rezeptorproteine sind Eiweiße, die ganz bestimmte Stoffe anlagern können. Dort wird das chemische Signal in ein elektrisches Signal umgesetzt, das von der ableitenden Nervenfaser weitergeleitet wird. Die Bindung der Geschmacksstoffe an einen bestimmten Rezeptor hängt also von ihrem chemischen Aufbau ab. Deshalb kann man den fünf Geschmacksqualitäten auch bestimmte Stoffe zuordnen:

Süßer Geschmack: Wird durch Zucker und zuckerähnliche Substanzen – Kohlenhydrate – hervorgerufen; Beispiele: Zucker (Saccharose, Glucose), einige Aminosäuren (Phenylalanin, Leucin und Isoleucin), Süßstoffe (Cyclamat, Aspartam, Saccharin).

→ 2 Süßstoffe

Saurer Geschmack: Wässrige Lösungen enthalten positiv und negativ geladene Teilchen (Ionen). In gelösten Säuren hängt die Stärke des sauren Geschmacks von der Menge der Wasserstoff-Ionen ab; Beispiele: Citronensäure, Essigsäure, Ascorbinsäure.

→ 3 Zitrusfrüchte

Salziger Geschmack: In den Stoffen sind wasserlösliche Salze enthalten, die in Lösungen positive und negative Ionen freisetzen; Beispiel: Beim Kochsalz tragen positiv geladene Natrium-Ionen und negativ geladene Chlorid-Ionen zur Salzempfindung bei.

→1 Kochsalz

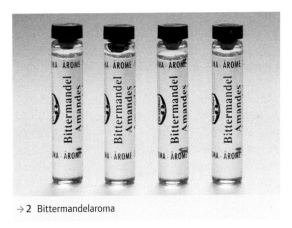

→2 Bittermandelaroma

Umami-Geschmack: Der „würzige" Geschmack wird durch Glutamat ausgelöst. Glutamat ist ein Salz mit besonderem chemischem Aufbau.

Die Nase und das Riechvermögen

Bitterer Geschmack: Bittere Substanzen haben ganz unterschiedliche Strukturen. Sie bilden chemisch keine einheitliche Gruppe. Natürliche Bitterstoffe kommen in vielen Pflanzen vor. Pflanzliche Bitterstoffe wie Strychnin, Alkaloide oder Nikotin sind in größerer Menge giftig, werden aber in richtiger Dosierung als Medizin verwendet. [→ 2]

Aufbau der Nase und des Nasenraums • Die Nase wird durch das Nasenbein (knöcherner Teil), die Nasenknorpel und durch Hautteile gebildet. Der Nasenraum setzt sich aus der äußeren Nase und der Nasenhöhle zusammen. [→ 3]
Die Nasenhöhle wird durch die knöcherne Nasenscheidewand in zwei Hohlräume geteilt. Sie ist mit

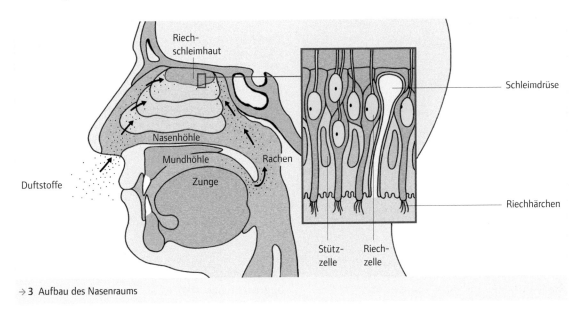

→3 Aufbau des Nasenraums

einer Schleimhaut ausgekleidet. Die Nasenmuscheln sind Knochenspangen und gliedern die Nasenhöhle in jeweils drei Nasengänge auf der linken und rechten Seite.

Während der größte Teil der Nasenschleimhaut mit Flimmerhärchen ausgekleidet ist, befindet sich an der oberen Nasenmuschel die etwa $5\,cm^2$ große Riechschleimhaut. Diese enthält drei verschiedene Zelltypen: Die Sinnes-, Stütz- und Basalzellen. Aufgabe der Stütz- und Basalzellen ist die Formerhaltung und Stabilität der Riechschleimhaut sowie die Lagerung der Sinneszellen. Die ca. 30 Millionen Riechzellen ragen über die Oberfläche der Riechschleimhaut hinaus und haben dort kleine Verdickungen, aus denen die Riechhaare entspringen.

Die Bedeutung des Luftstroms • Nase und Nasenschleimhaut dienen der Leitung, Reinigung, Befeuchtung und Erwärmung der Atemluft. Da sich die Riechschleimhaut an der oberen Nasenmuschel befindet, ist sie auch Sitz des Geruchsorgans. Wird in Ruhe durch die Nase geatmet, zieht der Luftstrom

→1 Schmeckt's? Geschmacks- und Geruchssinn arbeiten zusammen.

größtenteils durch die beiden unteren Nasengänge. Duftstoffe gelangen nur in geringer Menge zur Riechschleimhaut. Um die Geruchsstoffe in größerer Menge zur Riechschleimhaut zu befördern, versucht man zu „schnüffeln" oder zu „schnuppern".

Unterscheidung von Gerüchen • Alle Säugetiere können eine sehr große Zahl von Düften unterscheiden. Obwohl der Mensch innerhalb der Säugetiergruppe eine relativ kleine Riechschleimhaut besitzt, kann auch er bis zu 10 000 Gerüche unterscheiden und speichern. Die Einteilung in Gruppen ist nicht ganz einfach. Man hat versucht, diese große Zahl in Klassen zusammenzufassen, und deshalb sieben Primärgerüche benannt. Diese Einteilung wurde nach dem Wissenschaftler AMOORE benannt. Der schweißige Geruch wird häufig zusätzlich angegeben.

Primärgerüche nach AMOORE	Alltagsgeruch
blumig	Rose, Nelke
ätherisch	Fleckenwasser
kampferartig	ätherische Öle, medizinische Salben
moschusartig	Angelikawurzelöl
stechend	Essig
faulig	faule Eier
minzig	Pfefferminz
schweißig	ranzige Butter

Biologische Bedeutung des Geruchssinns • Die soziale Kommunikation, viele emotionale Verhaltensweisen sowie das Sexual- und Hygieneverhalten werden durch den Geruchssinn beeinflusst. Er dient der Orientierung, der Bereitstellung von Speichel- und Magensaft, der Appetitanregung und zur Warnung vor verdorbenen und ungenießbaren Lebensmitteln.

Allerdings sind manche gefährliche und giftige Stoffe bzw. Gase geruchlos. So kommt es z. B. durch Kohlenstoffmonooxid immer wieder zu tödlichen Unfällen. Es entsteht bei der unvollständigen Verbrennung von Kohlenstoff. In Bergwerksstollen und in Schiffsrümpfen alter Schiffe führte man deshalb manchmal Wellensittiche mit, um eine Vergiftungsgefahr rechtzeitig anzuzeigen – sie fielen leblos von ihren Stangen, bevor die Menschen durch das Gas ohnmächtig wurden.

Geruch und Geschmack arbeiten oft zusammen

Was ist guter Geschmack? • Spricht man davon, dass eine Speise einen ganz besonders tollen Geschmack hat, ist dies nur die halbe Wahrheit. Vor allem im süddeutschen Raum meint man mit „schmecken" oftmals „riechen". Zur Beurteilung von Speisen und Getränken benutzt man praktisch alle Sinne, wobei Geschmack und Geruch den größten Anteil besitzen. Mit verstopfter oder zugehaltener Nase ist es uns fast gar nicht möglich, Speisen oder Getränke zu unterscheiden. [→ S. 54/1]

Vergleich von Geschmacks- und Geruchssinn • Die chemischen Sinne lassen sich nach ihrer Lage im Körper, ihrem Aufbau und weiteren Punkten unterscheiden. Riechzellen sind etwa 1000-fach empfindlicher als Geschmackszellen und sprechen daher auf viel kleinere Konzentrationen von Stoffen an. Damit die Nahrung jedoch gut „schmeckt", müssen beide Sinne eng zusammenarbeiten. Der Geschmackssinn ist ein Nahsinn, weil die Geschmacksstoffe direkt zum Sinnesorgan gelangen müssen. Der Geruchssinn ist ein Fernsinn. Allerdings müssen auch beim Geruchssinn die Duftstoffe das Sinnesorgan erreichen, um eine Sinneswahrnehmung auszulösen.

Wie gelangen die Informationen zum Gehirn?

Schlüssel-Schloss-Prinzip • Geschmacksstoffe liegen in flüssiger Lösung vor. Um einen Reiz auszulösen, müssen sie die Geschmackssinneszellen erreichen, die geeignete Empfänger für den jeweiligen Stoff tragen.

Geruchsstoffe sind flüchtig, d. h., sie bewegen sich frei in der Luft. Aus jeder Riechsinneszelle ragen mehrere Riechhärchen, die spezielle Empfänger tragen. Diese dienen als Andockstellen für passende Geruchsstoffe. Trifft ein Geruchsstoff auf den passenden Empfänger, so wird ein elektrischer Reiz gebildet. Die spezielle Eignung bestimmter Geschmacks- bzw. Geruchsstoffe für bestimmte Empfängerzellen bezeichnet man als Schlüssel-Schloss-Prinzip.

Die Geschmacksbahn • Die Geschmackssinneszellen befinden sich nicht nur auf der Zunge, sondern auch in der Schleimhaut der Wangen, des Schlundes, des Rachens, Kehlkopfes und der Speiseröhre. Die Sinneszellen haben Verbindungen zu ableitenden, d. h. zum Gehirn führenden Nervenzellen. Trifft ein Geschmacksstoff auf die passende Geschmackssinneszelle, gibt diese den Reiz an die nachgeschaltete Nervenzelle weiter. Die Nervenzelle

Vergleich	Geschmackssinn	Geruchssinn
biologische Funktion	Kontrolle der Nahrung Warnung vor ungenießbarer oder giftiger Nahrung Auslösung von Speichelreflexen	Nahrungssuche und Nahrungskontrolle Auslösung von Speichelreflexen Steuerung sozialer und emotionaler Verhaltensweisen Orientierung und Hygiene
Reichweite	gering: Zunge und Mundraum – Nahsinn	groß: bis mehrere Hundert Meter – Fernsinn
Reiz	wasserlösliche Stoffe direkter Kontakt zum Sinnesorgan ist nötig	flüchtige Stoffe werden mit der Luft verbreitet Reizquelle kann sehr nah oder weit entfernt sein.
Reizqualitäten	fünf; weitere werden noch erforscht	über 300 Duftrezeptoren Bis zu 10 000 Gerüche können unterschieden werden. Es gibt sieben Primärgerüche und viele Unterklassen.
Reizempfindlichkeit	geringer als beim Geruchssinn	sehr hoch, abhängig vom Geruchsstoff
Sinneszellen	Geschmackssinneszellen haben eine Verbindung (Synapse) zur nachgeschalteten Nervenzelle. Sie bilden selbst kein elektrisches Signal aus. insgesamt mehr als 100 000	Geruchssinneszellen bilden selbst ein elektrisches Signal. Sie reichen bis ins Gehirn. insgesamt mehr als 30 Millionen

leitet ein elektrisches Signal zum Gehirn. Dort werden die Geschmacksreize zum Stammhirn geleitet. [→1]

Die Riechbahn • Die Riechhärchen geben bei Berührung mit einer ausreichend großen Menge an Duftstoffen ein elektrisches Signal weiter. Die Leitung erfolgt über sogenannte Riechfäden, die durch kleine Löcher im knöchernen Siebbein den Riechkolben erreichen. Der Riechkolben befindet sich auf beiden Seiten des Endhirns. Die Informationen werden in tieferen Endhirnschichten verarbeitet. [→2]

Schmecken und Riechen als „alte" Sinne • Stammhirn und Riechhirn sind in der menschlichen Entwicklungsgeschichte schon sehr früh entstanden. Das ist ein Hinweis darauf, dass Geschmacks- und Geruchssinn sehr „alte" Sinne sind. Diese Bezeichnung wird deshalb verwendet, weil Geschmack und Geruch die stammesgeschichtlich ältesten Sinne sind. Sie haben sich beim Menschen nicht so stark weiterentwickelt wie der Sehsinn oder Hörsinn. Der Mensch fasst das Sehen häufig als seinen wichtigsten Sinn auf. Geschmack und Geruch haben bei ihm eine geringere Bedeutung als in der Tierwelt. Tiere sind viel stärker auf ihre chemischen Sinne angewiesen.

Verarbeitung der Informationen im Gehirn

Die Empfindung entsteht im Gehirn • Erst im Gehirn selbst entsteht der eigentliche Sinneseindruck. Die chemischen Stoffe, die mit unseren Geschmacks- und Geruchssinneszellen in Kontakt gekommen sind, haben elektrische Signale ausgelöst. Diese werden zum Gehirn weitergeleitet und verarbeitet.

Geschmacks- und Geruchsschwellen • Damit eine Sinneswahrnehmung von Geschmack oder Geruch entsteht, muss ein Stoff in ausreichender Menge bzw. Konzentration vorliegen. Kann man wahrnehmen, dass man etwas schmeckt, jedoch noch nicht erkennen, was es ist, so hat man die *Entdeckungsschwelle* erreicht. Um beschreiben zu können, um welchen Stoff es sich handelt, muss die *Erkennungsschwelle* überschritten werden.
Abhängig von der Konzentration eines Stoffes können unterschiedliche Sinneseindrücke entstehen. So wird Kochsalz (NaCl) in sehr geringen Mengen als süß wahrgenommen und erst bei ausreichender Konzentration als salzig erkannt. Auch Stoffe, die süß schmecken, haben unterschiedlich große Konzentrationen bei der Erkennungsschwelle.

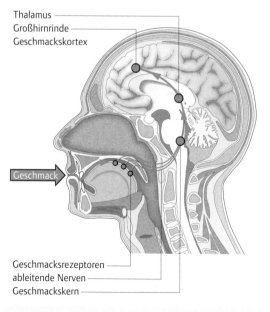

→ 1 Die Geschmacksbahn

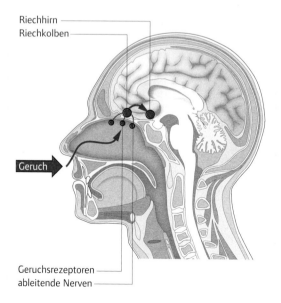

→ 2 Die Riechbahn

Qualität	Stoff	Erkennungsschwelle in g/l
süß	Saccharose Glucose Saccharin	3,5 2–4 0,004
sauer	Salzsäure Citronensäure	0,03 0,4
salzig	Kochsalz (NaCl) Calciumchlorid (CaCl$_2$)	0,6 1,1
bitter	Chinin Nikotin	0,003 0,003

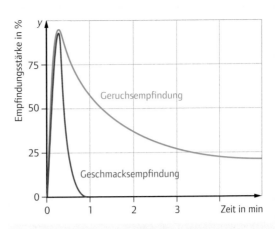

→ 1 Adaptation des Geruchs- und Geschmackssinns

Anpassung oder Adaptation • Vor allem beim Geruchssinn tritt das Phänomen auf, dass ein Geruch nach kurzer Zeit viel schwächer wahrgenommen wird. Diesen Prozess nennt man Anpassung oder Adaptation. Werden Geruchssinneszellen über einen bestimmten Zeitraum mit Duftstoffen gereizt, geben sie immer weniger elektrische Signale ab. Deshalb verringert sich der im Gehirn entstehende Sinneseindruck. Zusätzlich dazu lässt auch die Aktivität der im Gehirn für die Geruchswahrnehmung zuständigen Nervenzellen mit der Zeit nach. [→1] Daher stammt möglicherweise das Sprichwort, dass man „seinen eigenen Geruch" nur selbst ertragen kann. Die Nase mit allen Sinnes- und Nervenzellen hat sich daran gewöhnt. Sommeliers und Verkoster legen beim Testen von Getränken und Speisen immer wieder Pausen ein, um neue Sinnesreize ausreichend wahrnehmen zu können.

Der scharfe „Geschmack"

Die Schärfe in unseren Speisen • Schärfe ist keine eigentliche Geschmacksrichtung. Wenn eine Speise als scharf bezeichnet wird, so erregen ihre Inhaltsstoffe zwar Sinneszellen, jedoch nicht die Geschmacks- oder Geruchssinneszellen. Die Empfindung entsteht über die Erregung von Schmerzrezeptoren, die auf Hitzereize reagieren. Diese Schmerzrezeptoren geben ebenfalls ein elektrisches Signal an das Gehirn weiter. Dadurch entsteht der Sinneseindruck scharf.

Ist eine Speise viel zu scharf gewürzt, so kann das dazu führen, dass die eigentlichen Geschmacks- und Geruchsstoffe gar nicht mehr wahrgenommen werden. Der Geschmackseindruck eines Stoffes entsteht schließlich über die Verarbeitung aller Signale, die von Sinneszellen aufgenommen und zum Gehirn weitergeleitet werden. Der scharfe Geschmack in Paprikaschoten wird durch den Stoff *Capsaicin* hervorgerufen.

Funktion der Schmerzrezeptoren • Temperaturen zwischen 43 und 45 °C können für den Menschen und sein Gewebe schädlich sein. Treffen Gegenstände mit solchen Temperaturen auf unsere Haut, werden sie als heiß und schmerzhaft empfunden. Speisen und Getränke werden ebenfalls als zu heiß und schmerzhaft empfunden, wenn sie mit zu hoher Temperatur in den Mund- und Rachenraum gelangen. Gelangt der Stoff Capsaicin mit der Nahrung in den Rachenraum, so wird dies auch als heiß und schmerzhaft empfunden. Die Geschmacksempfindung „scharf" entsteht also aus der Vortäuschung einer Verbrennung.

Pflanzen, die Capsaicin enthalten, genießen dadurch den Schutz vor Pflanzenfressern. Tiere, die diese Pflanzen fressen, erfahren ebenfalls die heiße bzw. scharfe Geschmacksempfindung und meiden diese Pflanzen in Zukunft.

Die Scoville-Skala • Der Pharmakologe WILBUR L. SCOVILLE entwickelte 1912 die nach ihm benannte Skala, die den Schärfegrad eines Stoffes bestimmt. Während der Scoville-Wert zunächst über die subjektive Wahrnehmung bestimmt wurde, wird er heute oftmals experimentell über die Capsaicin-Menge des betreffenden Stoffs festgelegt. [→ S. 60/1]

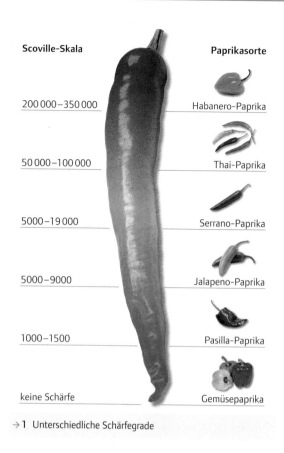

Scoville-Skala	Paprikasorte
200 000–350 000	Habanero-Paprika
50 000–100 000	Thai-Paprika
5000–19 000	Serrano-Paprika
5000–9000	Jalapeno-Paprika
1000–1500	Pasilla-Paprika
keine Schärfe	Gemüsepaprika

→1 Unterschiedliche Schärfegrade

Duftstoffe steuern unser Verhalten

Duftstoffe haben mehr Einfluss auf unser Verhalten, als uns selbst bewusst ist. So wie es viele unterschiedliche Geruchsstoffe und Kombinationen von ihnen gibt, so besitzt auch jeder Mensch einen ganz individuellen Körpergeruch. Dieser ganz persönliche Duft gleicht einem Fingerabdruck. Enge Freunde oder Partner, aber auch bestimmte Umgebungen oder Räume werden häufig mit einem speziellen Duft verbunden und dadurch intensiver wahrgenommen. Deshalb lösen manche Düfte eher positive, andere negative Stimmungen aus – je nachdem, welche Bedeutung der Duft in der Vergangenheit hatte oder mit welchen Erlebnissen er verbunden wird.

Bedeutung des Geruchs für unser Verhalten • Das Riechen hat für Mensch und Tier mehrere Bedeu-

tungen: Es hilft nicht nur bei der Suche nach Nahrung und ihrer Beurteilung, sondern auch bei der Wahrnehmung einer unbekannten Umgebung, von Gefahr, Rivalen oder Sexualpartnern. Körperdüfte und -ausdünstungen können sich verändern und dadurch z. B. auf Krankheiten hinweisen. Zusammen mit dem Seh- und Hörsinn steuert der Geruchssinn das Sexual- und Sozialleben. Die Duftstoffe eines anderen Menschen beeinflussen unser eigenes Verhalten und unsere Reaktionen. Allerdings ist das nicht immer ganz offensichtlich. Daher stammt auch die Redewendung „Ich kann dich (nicht) riechen". [→2]

Subjektive Geruchswahrnehmung • Die Bewertung von Düften erfolgt bei jedem Menschen anders – ist also eine persönliche und individuelle Einschätzung. Bestimmte Gerüche werden jedoch von fast allen Menschen als angenehm beurteilt. Im Gegensatz dazu wird beispielsweise altes, faules und damit meist giftiges Fleisch als unangenehm empfunden. Die Empfindung eines Geruchs als positiv oder negativ ist teilweise angeboren und teilweise durch erlerntes Verhalten bedingt. Diese *Prägung* hängt von der konkreten Situation ab, in der man den Duft kennenlernt oder mit der man ihn verbindet.

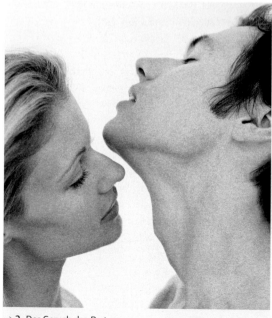

→2 Der Geruch des Partners

Eigen- und Fremdgeruch • Ein neugeborenes Kind wird von seiner Mutter intensiv durch seinen Geruch wahrgenommen. Umgekehrt nimmt es auch den Körpergeruch der eigenen Mutter wahr – besonders den Geruch der Muttermilch. So ist es nicht verwunderlich, dass Mütter ihre Babys allein am Geruch unterscheiden können. Körperdüfte werden innerhalb der Familie und Lebensumwelt ganz allgemein als Erkennungsmerkmal wahrgenommen. [→1]

Anosmie – wenn man nichts mehr riechen kann

Die Funktion des Geruchssinns kann ganz oder teilweise eingeschränkt sein. Damit ändert sich die Wahrnehmung der Umwelt vollständig. Obwohl man davon ausgeht, dass andere Sinne wichtiger sind als der Geruch, leiden Patienten sehr stark unter der *Anosmie* – der Unfähigkeit zu riechen. Insgesamt sind 2 % der Gesamtbevölkerung betroffen. Der angenehme Duft einer Blüte kann nicht mehr vom unangenehmen Geruch verdorbener Speisen oder Autoabgasen unterschieden werden.

Ursachen einer Anosmie • Störungen des Geruchsempfindens können vererbt werden und fallen dann bereits im frühen Kindesalter auf.
Die Ursachen der erworbenen Anosmie sind vielfältig: Bei starkem Schnupfen ist das Riechvermögen zwar erheblich beeinträchtigt, erholt sich aber meist nach dem Abklingen der Krankheit. Befallen Krankheitserreger die Riechschleimhaut oder die Nasen-

nebenhöhlen, kann es zu einer länger andauernden Anosmie kommen. Allergien können die Riechfasern der Riechschleimhaut ebenfalls schädigen. Zu den Verursachern zählen auch Chemikalien, Holz- und Metallstaub sowie bestimmte Medikamente. Durch Kopfverletzungen kann der Riechnerv geschädigt werden. Eine weitere mögliche Ursache sind Nasenpolypen. In seltenen Fällen kann eine Anosmie durch die Parkinson-Krankheit, Alzheimer oder Multiple Sklerose verursacht werden.

Folgen der Anosmie • Erst wenn der Geruchssinn fehlt, fällt auf, welche Fülle an Informationen verloren gegangen ist: der Duft der Speisen und Getränke, der Geruch der Umgebung sowie der Körpergeruch vertrauter Menschen, Blütenduft oder der Geruch der Jahreszeiten …
Das kann dazu führen, dass ein Mensch unter Appetitlosigkeit und Gewichtsverlust leidet. Der Umgang mit anderen Menschen kann durch die fehlende Erkennung des spezifischen Körpergeruchs beeinträchtigt sein. Infolgedessen kann es zu psychischen Störungen und Depressionen kommen.

Behandlung von Riechstörungen • Das Geruchsempfinden kann sich nach kurzzeitigen Störungen ohne Behandlung wieder erholen. Medikamente können den Heilungs- und Regenerationsprozess unterstützen, indem sie die ursächliche Infektion bekämpfen. Bis zur Wiederherstellung der vollen Leistungsfähigkeit des Geruchsempfindens können allerdings mehrere Jahre vergehen. Zur Unterstützung des Heilungsprozesses und zur Regeneration der Riechzellen und der Riechschleimhaut absolvieren viele Patienten ein „Riechtraining".

→1 Mutter und Säugling

→2 Störung des Geruchssinns

6 Besondere Leistungen der chemischen Sinne im Tierreich

Hunde können offenbar millionenfach besser riechen als der Mensch. Sie verlassen sich viel mehr auf „ihren guten Riecher". Doch nicht nur Hunde, fast alle Tiere sind viel stärker als der Mensch auf Geschmacks- und Duftstoffe angewiesen. Die verschiedenen Tiergruppen haben ganz unterschiedliche chemische Sinnesorgane für den Kontakt mit ihrer Umwelt entwickelt. Die Funktion und Bedeutung dieser Sinnesorgane wird manchmal erst bei genauerem Hinsehen deutlich.

» Welche Bedeutung haben diese Sinnesorgane für die Tiere?

» Wie kann sich der Mensch die besonderen Leistungen der Tiere zunutze machen?

» Welche besonderen „Tricks" wenden Tiere an?

Bei den folgenden Aufgaben sollst du das Verhalten von Tieren beobachten und beschreiben. Achte darauf, dass keinesfalls Tiere beeinträchtigt werden oder zu Schaden kommen. Wenn du im Wald mit Förstern oder im Zoo mit Tierpflegern arbeitest, beachte deren Anweisungen genau.

❶ Recherchiere über die Sinnesorgane verschiedener Tiergruppen. Zeige ihre besonderen Funktionen und Leistungen. Gehe dabei auch auf die Unterschiede bei den chemischen Sinnesorganen ein. Beschreibe die Vorteile von höher entwickelten Sinnesorganen bei verschiedenen Tiergruppen. Erstelle dazu ein Plakat.

❷ Bei sozialen Insekten (z. B. Honigbienen, Ameisen, Wespen) gibt es Signalstoffe (Pheromone).

→ 1 Soziale Insekten regeln ihr Zusammenleben auch durch Duftstoffe.

a Plant in der Klasse zusammen mit einem Imker eine Exkursion zu einem Bienenstock. Finde heraus, wie sich die Tiere mithilfe dieser Signalstoffe verständigen.

b Erläutere, weshalb man sich beim Stich einer Biene oder Wespe vom Stock entfernen sollte.

❸ Honigbienen sind blütenstetig, d. h., sie besuchen nur eine ganz bestimmte Art von Blüten. Der Bienenforscher KARL VON FRISCH hat das Leben der Honigbienen erforscht und deren Kommunikation untersucht.

a Informiere dich über die Versuche von KARL VON FRISCH zur Bedeutung des Blumendufts und der Duftdressuren. Zeige, weshalb und wodurch Bienen blütenstetig sind.

b Betrachte die Antennen einer Honigbiene unter dem Mikroskop. Fertige davon eine Zeichnung an und erläutere den Geruchssinn der Bienen.

❹ Vielleicht hast du selbst Haustiere oder kannst Freunde besuchen, die Haustiere haben. Beobachte, wie sie sich mit ihren chemischen Sinnen orientieren.

a Beobachte, wie sich die Tiere vor der Futteraufnahme verhalten.

b Zeige, wie sie sich beim Umgang mit bekannten oder unbekannten Artgenossen verhalten.

c Beschreibe, ob und wie man erkennen kann, dass sie auch gegenüber Menschen ihren Geruchssinn einsetzen.

❺ Findest du eine Ameisenstraße im Garten?

a Beschreibe, wie die Ameisenstraßen verlaufen.

b Erkläre, wie die Ameisen ihren Weg finden.

c Untersuche, ob man die Straßen umlenken kann.

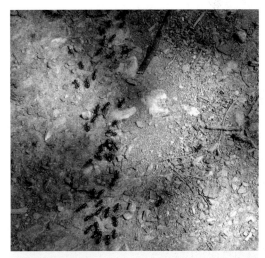

→ 2 Ameisenstraße

❻ Plant in der Klasse zusammen mit einem Förster, dem Umweltamt oder Naturschutzverbänden eine Forstexkursion. Formuliert dazu konkrete Forschungs- und Beobachtungsaufträge, z. B. über:
– Borkenkäferfallen
– Insekten und Pheromone
– Duftmarken
– Balz beim Rotwild
– Revierabgrenzung der Tiere
– Bestäuber der verschiedenen Pflanzenarten
– Jagd und Jagdhunde

Aufgaben

6

7 Vergleiche die Präparate verschiedener Insektengruppen. Beschreibe die Funktionsweise von Schmetterlingsfühlern. Recherchiere, mit wie vielen Sinneszellen die unterschiedlichen Insekten ausgestattet sind. [→ 1]

→ 1 Verschiedene Fühler bei Insekten

8 Gib deinem Hund gleichzeitig drei luftdurchlässige kleine Beutel, gefüllt je einmal mit Hundefutter, Kartoffeln und Zwiebeln. Für welchen entscheidet er sich? Wie viel Zeit benötigt er für seine Entscheidung? Versuche danach selbst, die drei Beutel am Geruch zu unterscheiden.

9 Tiere leisten dem Menschen auch mit ihren Geschmacks- und Geruchsorganen wertvolle Hilfe. Vor allem ihr Geruchssinn ist oft von unschätzbarem Wert.
Forscht über die verschiedenen Einsatzgebiete von Tieren, in denen sie dem Menschen hervorragende Dienste leisten. Beschreibe und erläutere auch ihre Ausbildung. Präsentiere die Ergebnisse in ansprechender Form.

10 Vergleiche die Gehirnmodelle von Hund und Mensch. Nutze dazu die Grafik [→ 2]. Untersuche, wie groß jeweils die für das Riechen zuständigen Gehirnfelder und Bereiche sind.

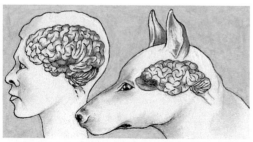

→ 2 Vergleich Hundehirn und Gehirn des Menschen

Bastle aus Papier und Pappe ein zweidimensionales Modell der Riechfelder des Hundes und des Menschen. Zeige, um wie viel größer das Riechfeld des Hundes ist.
Informiere dich über die Anzahl der Riechsinneszellen bei verschiedenen Hunderassen.

11 Informiere dich über die Arbeit der Forensiker. Erläutere, was deren Arbeit mit Geschmack und Geruch zu tun hat. [→ 3]
Recherchiere, welche Tiere und Organismen Forensiker bei ihrer Arbeit nutzen. Beschreibe, durch welche Düfte diese Tiere angelockt werden und welche Düfte sie selbst verbreiten.

→ 3 Forensiker am Tatort

12 Es wird berichtet, dass Tiere mit ihrem Geruchssinn Krankheiten bei Menschen „wittern" können. Recherchiere, ob solche Fälle tatsächlich nachgewiesen wurden. Überlege, ob man sich auf solche Untersuchungen verlassen kann. Diskutiere, ob und wie sie überhaupt eingesetzt werden könnten.

13 Fische leben im Wasser und haben ihre Sinnesorgane an dieses Medium angepasst. Informiere dich über den Aufbau und die Funktion der chemischen Sinne bei Fischen.
Beschreibe, inwiefern man Geschmack und Geruch bei Fischen trennen kann.
Recherchiere über die Sinne von Hecht, Aal und Elritze. Vergleiche Seh-, Geschmacks- und Geruchssinn und zeige, wie die Leistungsfähigkeit der jeweiligen Sinnesorgane mit der Lebensweise der Fische zusammenhängt.
Informiere dich über die Leistungsfähigkeit und Bedeutung des Geruchssinns bei Haien.

Die feine Nase des Hundes

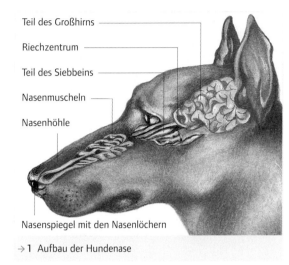

Teil des Großhirns

Riechzentrum

Teil des Siebbeins

Nasenmuscheln

Nasenhöhle

Nasenspiegel mit den Nasenlöchern

→ 1 Aufbau der Hundenase

Der Geruchssinn der Hunde • Hunde besitzen ein viel besser ausgebildetes Geruchsempfinden als der Mensch. Ihre Geruchsempfindlichkeit ist – abhängig vom Geruchsstoff – bis zu 10 Millionen Mal intensiver als beim Menschen. Die Unterscheidungsfähigkeit von Duftstoffen ist um den Faktor 1000 größer. Hunde wittern daher auch Gemütszustände wie Wut, Trauer, Angst und Freude bei Artgenossen und beim Menschen. Weil sie in der Lage sind, selbst geringe Änderungen im Stoffwechsel von Menschen mit ihrem Geruchssinn zu erkennen, können Hunde durch ihr Verhalten bestimmte Krankheitszustände bei Menschen anzeigen.

Der Aufbau der Hundenase • Die Riechschleimhaut des Hundes befindet sich in der gesamten Na-

senhöhle, den Muscheln, Nasennebenhöhlen und teilweise in der Stirnhöhle. Sie ist bis zu 170 cm² groß und ca. 0,1 mm dick. Hunde können mehr als 200 Millionen Riechzellen besitzen – der Mensch ca. 30 Mio. Da die Nervenfasern stärker miteinander verschaltet sind, ergibt sich dadurch eine größere Differenzierungsfähigkeit.

Der Riechkolben sowie das Riechzentrum von Hunden sind stärker ausgebildet und nehmen daher einen größeren Raum ein als beim Menschen.

Verstärkungsmechanismen • Beim Hund werden
– von einer viel größeren Anzahl von Riechzellen
– aus einer größeren Riechschleimhaut
– auf viel mehr Nervenfasern
Informationen über Duftstoffe weitergeleitet als beim Menschen. Die Nervenfasern verfügen über weitaus mehr Verbindungen und führen zu einem größeren Riechzentrum im Gehirn. Durch diese Verstärkungsmechanismen haben Hunde ein millionenfach besseres Riechvermögen als der Mensch.

Riechvermögen bei verschiedenen Hunderassen • Abhängig von ihrer Größe und Rasse besitzen Hunde mehr oder weniger gut entwickelte Riechorgane. Manchen Hunderassen, wie beispielsweise Boxern, wurden die Nasen „platt" gezüchtet. Sie können mit dem dadurch entstandenen Vorbiss ihrer Zähne bei der Jagd große Beute festhalten. Dadurch entstand die Bezeichnung „Bullenbeißer". Dafür allerdings wurden ihnen Einschränkungen in ihrer Geruchswahrnehmung „angezüchtet". Die Länge der Hundeschnauze und damit der röhrenförmigen Ausbildung des Riechorgans beeinflusst die Leistung des Geruchssinns. [→ 2]

→ 2 Die Größe der Hundenase ist entscheidend für das Riechvermögen.

→2 Rettungshund

→4 Jagdhund   →5 Hütehunde

→1 Hund zur Sprengstoff-   →3 Spürhund zur Suche   →6 Suche nach Verschütteten nach
oder Drogensuche   von Personen   einem Lawinenunglück

Hunderasse	Anzahl der Riechzellen
Labrador	220 Mio.
Bulldogge	100 Mio.
Dackel	125 Mio.
Foxterrier	147 Mio.
Schäferhund	220 Mio.

Der Einsatz von Hunden • Den hervorragenden Geruchssinn der Hunde macht sich der Mensch zunutze. Hunde, die eine Duftspur verfolgen, schnüffeln und richten ihre Nase dabei immer so aus, dass sie ein Maximum an Duftstoffen aufnehmen können. So können sie an einem Ort, z. B. einem Fahrzeug, Geruchsstoffe wie Drogen oder Sprengstoff aufsuchen oder die Spur eines Menschen über weite Strecken verfolgen. [→1–6]

Weitere Helfer des Menschen • Nicht nur Hunde werden aufgrund ihres sehr guten Geruchssinns als Helfer des Menschen eingesetzt. Trüffelschweine helfen beim Aufspüren von Trüffeln, die als beliebte und teuer gehandelte Pilze unter der Erdoberfläche vorkommen. [→7]

Es wird untersucht, inwieweit andere Tiere mit sehr gut ausgebildetem Geruchssinn für verschiedene Einsätze geeignet sind. So haben auch Ratten einen ausgeprägten Geruchssinn, da sie bei der Suche nach Nahrung in vorwiegend dunklen Lebensräumen auf ihr Geruchsvermögen angewiesen sind.

Die chemischen Sinne der Insekten

Der Geschmackssinn der Fliegen • Die Geschmacksrezeptoren der Fliegen befinden sich in Sinneshaaren im Mundbereich und an den Füßen der Tiere. Fliegen besitzen verschiedene Chemorezeptorzellen, von denen jede auf eine bestimmte Stoffklasse anspricht. Der Vorgang der Nahrungsprüfung lässt sich bei Fliegen gut beobachten. Durch

→7 Trüffelschwein

Ausstülpen ihres Saugrüssels und „Betasten" der Nahrung prüfen Fliegen den Geschmack und die Genießbarkeit. [→1]

Das Pheromonkonzept • Als Pheromone bezeichnet man flüchtige chemische Verbindungen, die als Signale bei der Kommunikation zwischen Artgenossen dienen. Sie werden von den Tieren selbst produziert und freigesetzt.

Die Chemorezeptoren der Schmetterlinge • Um die Sexualpheromone des Weibchens aufzunehmen, sind die auffällig großen Antennen des Seidenspinnermännchens sehr dicht mit feinen Härchen besetzt. Auf den Antennen findet man etwa 50 000 dieser Härchen. [→2] Damit die Duftstoffe zu den Sinneszellen in den Härchen gelangen können, haben die Haare sehr viele feine Poren. Die Rezeptoren können jedes einzelne Teilchen registrieren. Das Seidenspinnermännchen zeigt bereits Verhaltensänderungen, wenn nur 50 Rezeptoren mit je einem Duftstoffteilchen gereizt werden.

Hier duften die Männer • Männliche Monarchfalter besitzen an ihrem Hinterleibsende Duftpinsel, mit denen sie ihre Pheromone beim Werbeflug verbreiten können. [→3] Die weiblichen Monarchfalter werden von den Duftstoffen angelockt. Dagegen werden Männchen, die nicht nach Pheromonen duften, von den Weibchen ignoriert. Pheromone werden deshalb auch als Sexuallockstoffe bezeichnet.

Pheromone bei den sozialen Insekten

Soziale Insekten • Alle Insektenarten, bei denen die Gesamtheit der Nachkommen in einer Nestgemeinschaft zusammenleben, werden als soziale Insekten bezeichnet. In diesen Insektenstaaten herrscht häufig eine strikte Arbeitsteilung. Bei den Bienen erfüllen Königin, Arbeiterinnen und Drohnen spezielle Aufgaben. Das Zusammenleben der sozialen Insekten ist teilweise instinktgesteuert – ein großer Teil wird über Pheromone geregelt.

→1 Geschmacksrezeptoren der Fliege

→2 Seidenspinner

→3 Monarchfalter

Kommunikation im Ameisenstaat • Ameisen kommunizieren mit ihren Duftstoffen innerhalb ihres Staates, innerhalb ihrer Art, zwischen unterschiedlichen Kolonien und mit Ameisen anderer Arten. Ameisen besitzen mehr als zehn Pheromondrüsen, mit denen sie komplex gemischte Duftstoffe herstellen können.

Versklavung mit Duftstoffen • Sklaventreiberameisen überfallen Nester anderer Ameisen und versklaven deren Bewohner. Das unterlegene Ameisenvolk ist dann gezwungen, für die Angreifer zu arbeiten und ihnen Nahrung bereitzustellen. Um das fremde Ameisenvolk erfolgreich versklaven zu können, werden Duftstoffe und Säuren über das fremde Nest gesprüht. Die Arbeiterinnen des überfallenen Nests geraten in Panik und sind nicht mehr zu koordinierter Verteidigung in der Lage.

Täuschung mit Duftstoffen • Die Papierwespe besitzt überhaupt keine eigenen Arbeiterinnen und kann auch kein eigenes Nest bauen. [→S.68/1]
Die Papierwespenkönigin legt ihre Eier im Nest einer anderen Art ab. Um sicherzustellen, dass sie nicht von den fremden Arbeiterinnen angegriffen und aus dem Nest geworfen wird, verliert sie möglichst schnell ihren eigenen Duft und nimmt den der Wirtskönigin an. Verlässt die Wirtskönigin im Herbst ihr Nest, bleibt die Papierwespenkönigin mit den Wirtsarbeiterinnen zurück. Ihre eigene Brut

→ 2 Gemeiner Totengräber

→ 3 Fliegen gehören zu den ersten Besuchern einer Leiche.

→ 4 Eiablage

→ 5 Maden im Dienst der Gerichtsmedizin

→ 6 Vlad Tepes, auch Vlad III. Drăculea

→ 1 Papierwespe

wird nun mit Unterstützung der eigentlich fremden Arbeiterinnen großgezogen.

Zu den Toten kommt der Totengräber …

Aasgeruch • Der gemeine Totengräber ist ein Aaskäfer, der in Deutschland relativ häufig vorkommt. Er frisst neben Aas auch Pilze, Dung oder andere Insekten. Aaskäfer werden vom Geruch verstorbener Tiere angelockt. [→ 2]

Findet ein männlicher Aaskäfer eine kleine Tierleiche, sondert er aus seinem erhobenen Hinterleib Duftstoffe ab, um ein Weibchen anzulocken. Hat sich ein Weibchen eingefunden und mit dem Männchen gepaart, vergraben beide zusammen die Tierleiche. In einem von der Grabkammer abgehenden Seitengang erfolgt danach die Eiablage.

Sowohl für die Paarung als auch für die Nahrungssuche der Totengräber sind Duftstoffe die entscheidenden Reize. Neben den Totengräbern gibt es eine Vielzahl von anderen Insekten bzw. Insektenlarven (Maden), die von Aasgeruch angelockt werden.

Insekten in der forensischen Wissenschaft • An Leichen werden zur Verbrechensaufklärung verschiedene Untersuchungen durchgeführt. Unterschiedliche Faktoren können Aufschluss über den Verbrechensablauf geben. Wenn es aber um die Liegezeiten der Leichen geht, also den Zeitraum vom Eintritt des Todes bis zur Untersuchung, so können Insekten relativ genau Aufschluss über die Dauer geben. [→ 3–5]

Abhängig von der Liegezeit werden verschiedene Insektenarten vom Leichen- bzw. Verwesungsgeruch angelockt. Die Abfolge des Auftretens der Insektenarten folgt einem verlässlichen Schema: Während zunächst Schmeißfliegen die Körperöffnungen oder Wunden besetzen und darin ihre Eier ablegen, folgen danach die Aasfliegen. Trocknet die Leiche weiter aus und skelettiert zunehmend, findet man daran schließlich Käfer und Käferlarven.

→ 1 Vampirfledermaus

→ 2 Weißer Hai

→ 3 … da kann es schon mal zu Verwechslungen kommen.

Der Duft des Blutes

Vampire • Basierend auf der Person Vlad Tepes (1431–1476), schuf Bram Stoker im Jahr 1897 die Romanfigur Graf Dracula. In Anlehnung an den bereits zu dieser Zeit existierenden Vampirglauben „wittern" die untoten Blutsauger das frische Blut noch lebender Zeitgenossen und trachten nach dem roten Lebenssaft. [→ S. 68/6]

Der Vampirismus hat seine Ursprünge unter anderem im Aberglauben der Menschen sowie in der Vorstellung, dass unser Blut von bestimmten Tieren wie z. B. Vampirfledermäusen wahrgenommen wird und Menschen deshalb angegriffen werden.

Fledermäuse • Die in Deutschland beheimateten Fledermausarten ernähren sich vor allem von Insekten. Große afrikanische Flughunde können schon unheimlich und ein bisschen angsteinflößend wirken. Aber auch sie ernähren sich ebenfalls nicht von Blut, sondern von Früchten und Insekten.

Lediglich drei Arten der südamerikanischen Vampirfledermäuse ernähren sich von Blut. [→ 1] Damit sind diese die einzigen Säugetiere, die Blut als ausschließliche Nahrungsquelle nutzen. Beutetiere sind verschiedene Säugetiere wie Rinder, Pferde und Schweine.

Der weiße Hai • Viele Erzählungen und Filme beschäftigen sich mit Geschichten über die Blutgier der sogenannten Menschenhaie. [→ 2]

Haie haben einen sehr gut ausgebildeten Geruchssinn. Die Geruchsorgane liegen vorn an der Schnauze und werden von Wasser durchströmt. Die Nasenöffnungen bestehen aus Blindsäcken, die eine stark gefaltete Oberfläche besitzen und dadurch viele Geruchsstoffe in sehr kurzer Zeit erkennen können. So können sie Blut in millionenfacher Verdünnung erkennen und menschliches von tierischem Blut unterscheiden. Der Geruchssinn der Haie ist dadurch etwa 10 000-mal stärker als der des Menschen.

Werden Haie durch Schall- und Druckwellen angelockt, so entscheiden erst dann möglicher Blutgeruch und das Verhalten der Beutetiere, ob ein Angriff erfolgt. Menschen gehören in der Regel nicht in das Beuteschema der Haie. Surfbretter werden von ihnen allerdings manchmal als Silhouetten von Robben wahrgenommen, was dann zu Haiattacken führen kann. [→ 3]

Zecken • Die Zecke (Holzbock) ist ein Spinnentier und kann beim Blutsaugen die Krankheiten FSME (Frühsommer-Meningo-Enzephalitis) und Borreliose übertragen. [→ 4]

Auffällig ist, dass manche Menschen viel häufiger von Zecken befallen werden als andere. Zecken nehmen jedoch kein „süßes Blut" wahr, sondern orientieren sich an der ausgeatmeten Luft von Säugetieren und Vögeln. Die Zusammensetzung der Geruchsstoffe der ausgeatmeten Luft ist für die Auswahl der Wirtstiere von Bedeutung – nicht der „Duft des Blutes".

→ 4 Zecke

Schutz vor Erkrankungen • Über die Schutzimpfung und das Risiko einer FSME-Erkrankung kann der Hausarzt Auskunft geben. Auch zu vorbeugenden Maßnahmen gegen Zeckenbisse kann man ärztlichen Rat einholen und sich über Informationsmaterial zum Thema kundig machen. Im Informationsmaterial sind auch Angaben zu besonders stark betroffenen Gebieten enthalten.

7 Düfte und Geschmacksstoffe

Düfte steigern unser Wohlgefühl. Nicht nur in Parfüms, sondern auch in Nahrungsmitteln, Duschgelen, Reinigungsmitteln, Bekleidung, Raumausstattung usw. werden Geschmacks- und Duftstoffe eingesetzt. Der gezielte Einsatz soll die Nachfrage nach diesen Produkten erhöhen und den Verkauf steigern. Vielen Lebensmitteln werden ebenso gezielt Geschmacksstoffe zugegeben, um sie für die Verbraucher schmackhafter zu machen. Manchmal haben die zugesetzten Geschmacksstoffe mit dem Produkt nicht mehr viel gemeinsam.

» *Woraus bestehen Düfte und Geschmacksstoffe?*

» *Was ist ein bestimmtes Aroma?*

» *Welche Bedeutung haben Geschmack und Geruch für unsere Ernährung?*

❶ Herstellung von Duftöl

Stelle selbst Duftöle her und vergleiche sie.

a   Zerreibe die Schale einer Orange mit einer Ge-
    müseraspel in kleine Flocken. Gib diese zusam-
    men mit 50 ml Salatöl in ein Becherglas. Mische
    die Stoffe mit einem Spatel.

b   Mische jetzt größere Stücke aus der Orangen-
    schale oder aus dem Fruchtfleisch mit Salatöl.
    Vergleiche deren Duft mit dem Duftöl aus Teil a
    und beschreibe die Unterschiede.

c   Gib nun nacheinander 2, 5 und 10 ml Alkohol
    dazu und vergleiche die Düfte.

d   Variiere das Experiment, indem du andere Ma-
    terialien (Rosenblätter, Zitrone, Äpfel …) zur
    Duftölherstellung verwendest.

Wichtiger Hinweis: Die folgenden Experimente
solltest du nur zu Hause unter Aufsicht deiner
Eltern durchführen. Achte darauf, dass es durch
die Experimente keinesfalls zu einer Gesundheitsgefährdung kommt. Führe ein Protokoll.
Beschreibe darin auch immer die verwendeten
Stoffe und die Durchführung des Experiments.

→ 1 Herstellung eines Duftöls

welche Stimmungen und Eindrücke mit dem
Produkt verbunden sind.

d   Erstelle ein Poster mit den Ergebnissen deiner
    Experimente und Recherchen und präsentiere es
    in deiner Klasse.

❷ Blindverkostung

Bei dieser Art der Verkostung wird der Geschmack
von Lebensmitteln ohne Herstellernachweis vergli-
chen. Die Versuchspersonen werden nicht von der
Marke, sondern nur vom Geschmack beeinflusst.

a   Prüfe den Geschmack verschiedener Getränke
    (unterschiedliche Limonaden oder Colasor-
    ten …) oder Speisen (Schokolade oder Chips) in
    einer Blindverkostung. Beurteile deren Ge-
    schmack, indem du Noten vergibst.

b   Versuche – nur nach dem Geschmack – die Pro-
    ben den bekannten Marken zuzuordnen. Notie-
    re, wie viele Markenprodukte du richtig erken-
    nen konntest. Vergleicht eure Ergebnisse
    untereinander.

c   Recherchiere, wie Produkt und Werbung ver-
    schiedener Marken ausgerichtet sind und welche
    Zielgruppe angesprochen werden soll. Zeige,

❸ Kochpraktikum

Speisen lassen sich auf unterschiedliche Weise herstellen – ausschließlich mit frischen Zutaten oder
mithilfe von Zusatzstoffen.
Stelle zwei verschiedene Pastasaucen her: Ein Gericht nur mit frischen Zutaten (Gemüse, frische
Kräuter, Sahne, Salz und Pfeffer) ohne jegliche Fertigsaucen oder Geschmacksverstärker, das andere
Gericht mithilfe von Fertigsaucen und Geschmacksverstärkern (z. B. Natriumglutamat). Vergleiche den
Geschmack nun auch mit verschlossenen Augen.
Berichte in der Schule von deinen Erfahrungen.

→ 2 Der Klassiker: Tomatensoße

7

❶ In Reformhäusern oder Bioläden findet man Produkte, die ohne Geschmacksverstärker und andere Zusatzstoffe hergestellt wurden. Diese Produkte sind oft teurer als Produkte mit Geschmacksverstärkern. Überlege, worin hier der Zusammenhang zwischen der Verwendung von Geschmacksverstärkern und dem Preis bestehen könnte.

→ 2 Inhaltsangaben auf der Verpackung

→ 1 Angebot eines Reformhauses

❷ Häufig wird kritisiert, dass bereits in der Kindernahrung Geschmacksverstärker enthalten sind. Recherchiere, was sich die Hersteller der Kindernahrung davon versprechen könnten.

❸ Die Hersteller von Süßwaren arbeiten ständig an der Weiterentwicklung und Verfeinerung ihrer Produkte. Finde heraus, ob sich dafür die gleichen Geschmacksverstärker wie bei typischen Convenience-Produkten eignen.

❹ Bestimmte Produkte großer Lebensmittelhersteller werden z. B. nur bei uns in dieser speziellen Form angeboten – in anderen Ländern nicht. Zeige, was die Gründe dafür sein könnten, dass diese Produkte nur auf dem deutschen Markt angeboten werden.

❺ Achte beim nächsten Einkauf auf die Inhaltsstoffe der Nahrung. Untersuche, welche Stoffe enthalten sind. Recherchiere, welchen Lebensmitteln mehr Geschmacksverstärker und Ergänzungsstoffe zugesetzt sind und welchen weniger.

❻ Untersuche, welche Zusatzstoffe in der Schweinemast eingesetzt werden und welche Folgen das für die Verbraucher haben kann.

❼ Informiere dich, ob die in Deos enthaltenen Stoffe beim Einatmen gefährlich sein können.

❽ Informiere dich über die Arbeit von Verkostern und Sommeliers in der Lebensmittel- und Getränkeindustrie. Überlege, wie man das Verkosten und Testschmecken „trainieren" kann. Zeige, weshalb manche Menschen mehr und andere weniger für diese Berufe geeignet sind.

❾ Informiere dich, welche heimischen Pflanzen besonders intensive Geschmacks- und Duftstoffe enthalten.

❿ Überlege, weshalb viele Medikamente bitter bzw. unangenehm schmecken.

⓫ Recherchiere, weshalb viele Heilpflanzen gleichzeitig Giftpflanzen sind.

→ 3 Verschiedene Kräuter- und Heilpflanzen

⓬ Vergleiche die Werbung verschiedener Deorantshersteller. Beschreibe, welche Gefühle und Stimmungen durch die Düfte hervorgerufen werden sollen. Untersuche, welche Stoffe in verschiedenen Deodorants enthalten sind. Recherchiere, weshalb in manchen Deodorants keine Duftstoffe verwendet werden.

Duftstoffe – ein Projekt

→1 Gewürze enthalten viele Duft- und Aromastoffe.

→2 Das Citrusöl, das aus den Schalen der Bitterorange gewonnen wird, ist ein wertvoller Parfümrohstoff.

Die Menschen fühlen sich besonders wohl, wenn sie von angenehmen Düften umgeben sind. Parfüms, Deos und Cremes, Bonbons und Getränke – alles soll gut riechen.

Hinweise: Nutzt die hier bereitgestellten Materialien und weitere Quellen zur Bearbeitung eurer Fragen. Sucht selbst Pflanzen, die sich zum Gewinnen von Duftstoffen eignen.

❶ Duft- und Aromastoffe

Entwickle eine Mindmap mit Beziehungen zum Thema Duft- und Aromastoffe. Erschließe dir den Roman „Das Parfum" von Patrick Süskind und schau dir den Spielfilm an. Leite daraus Aufgabenstellungen für zu bildende Arbeitsgruppen ab. Fertige zusammen mit deinen Mitschülerinnen und Mitschülern eine Ausstellung mit den gewonnenen Duftstoffen und mit anderen Ergebnissen der Arbeit an. Lasst andere Schülerinnen und Schüler während eines Projekttags oder eure Eltern in einer Elternversammlung die gewonnenen Duftstoffe identifizieren. Besuche ein Kosmetikstudio oder eine Duftberatung.

❷ Duftpomade

Gewinne Duftstoffe aus Pflanzenblüten. Bestreiche die Innenseiten von kleinen verschließbaren Döschen, z. B. leeren Filmdosen, dünn mit nicht parfümierter Vaseline. Gib auf die Vaseline mit einer Pinzette frische, stark riechende Blütenblätter, z. B. von Hyazinthen, Rosen oder Jasmin. Verschließe die Dosen. Erneuere die Blätter jeweils nach zwei Tagen. Wiederhole den Vorgang mindestens fünfmal.

Stelle anschließend den Geruch in den Dosen fest. Prüfe über einige Monate, wie lange der Geruch noch deutlich feststellbar ist.

❸ Gewinne verschiedene Duftstoffe durch Wasserdampfdestillation

Achtung: Schutzbrille tragen! Durchführung nur unter Aufsicht! Baue eine Apparatur zur Wasserdampfdestillation auf. Fülle den ersten Kolben zu einem Drittel mit Wasser und einigen Siedesteinen. Gib in den zweiten Kolben:

a) 20 g zerkleinerten Gewürzkümmel
b) 50 g zerkleinerte getrocknete Pfefferminze
c) 30 g zerkleinerte Nelken
d) 50 g zerkleinerte getrocknete Lavendelblüten

Gib in den zweiten Kolben so viel Wasser, bis die darin befindlichen Pflanzenteile knapp mit Wasser bedeckt sind. Erhitze das Wasser in beiden Kolben bis fast zum Sieden. Halte die Temperatur im zweiten Kolben und erhitze den ersten Kolben so stark, dass ein lebhafter Wasserdampfstrom in den zweiten Kolben übergeht. Führe die Destillation so lange durch, bis sich in der Vorlage etwa 100 ml Flüssigkeit angesammelt haben. Trenne vorsichtig die Tropfen der Duftstoffe vom Wasser ab und stelle deren Geruch fest.

Vergleiche die Duftnoten und deren Intensität.

→3 Rosenblätter für die Wasserdampfdestillation

Wasser

Siedesteine

Wasser mit Pflanzenmaterial

Kühlwasserablauf

Kühlwasserzulauf

→4 Apparatur zur Wasserdampfdestillation

Das Aroma in unseren Lebensmitteln

→1 Himbeeren

→2 Herstellerangabe

Klasse der Aromastoffe	Beschreibung
natürliches Aroma	Das Aroma kommt in der Natur vor und wird aus natürlichen Grundstoffen hergestellt. Es kann aus Lebensmitteln oder mithilfe von Mikroorganismen wie Bakterien oder Pilzen hergestellt werden. Zur Herstellung werden Verfahren der Lebensmittelindustrie eingesetzt.
naturidentisches Aroma	Das Aroma ist mit einer in der Natur vorkommenden Substanz chemisch identisch. Es wird aber chemisch hergestellt.
künstliches Aroma	Das Aroma kommt in der Natur nicht vor. Es gibt keinen natürlichen oder chemisch identischen Stoff. Es wird künstlich hergestellt.

Aroma • Wenn wir eine Himbeere essen, so schmeckt diese „natürlich" auch nach Himbeere. Das uns bekannte Himbeeraroma setzt sich aus einem Stoffgemisch mehrerer chemischer Verbindungen zusammen. Die Summe aller Geschmacks- und Geruchseindrücke, die ein Lebensmittel hervorruft, nehmen wir als charakteristisches Aroma wahr. Die Information über das spezielle Himbeeraroma wird im Gehirn gespeichert und kann bereits beim Anblick einer Himbeere wieder abgerufen werden.

Das Aroma eines Nahrungsmittels, das uns bekannt ist, können wir beschreiben. Bei vollkommen unbekannten Speisen oder Getränken ist das jedoch nicht der Fall. Es fällt uns schwer, den Duft und Geschmack einer exotischen Frucht zu definieren, die wir noch niemals zuvor gegessen haben. Testet man Geschmack und Geruch des bisher unbekannten Lebensmittels mehrfach, so wird dieser Eindruck auch im Gehirn gespeichert. Erst dann können wir Vergleiche zu anderen Lebensmitteln ziehen und uns an das spezielle Aroma erinnern.

Aromastoffe • Die Aromen in unseren Nahrungsmitteln werden in unterschiedliche Klassen eingeteilt. Während „natürliche Aromen" auch natürliche Grundstoffe enthalten, können „künstliche Aromen" vollkommen synthetisch hergestellt werden. Auf diese Weise kann z.B. Erdbeereis hergestellt werden, ohne dass Erdbeeren oder Teile von Erdbeeren enthalten sind. Die auf der Verpackung abgebildete Erdbeere ist in dem Produkt überhaupt nicht enthalten. In Deutschland wird in diese Klassen eingeteilt:

Den Aromen dürfen weitere Stoffe zugesetzt werden, die den Geschmack verbessern und das Lebensmittel haltbarer machen, z.B. Antioxidationsmittel, Geschmacksverstärker, Konservierungs- oder Trägerstoffe.

Der Beruf der Sommeliers • Es gibt viele verschiedene Rebsorten, aus welchen abhängig von der Lagerungsart und -dauer die unterschiedlichsten Weine hergestellt werden. Wein weist zahlreiche Aromen auf, die es zu unterscheiden gilt. Sommeliers sind darauf spezialisiert, eine große Zahl von Weinen zu testen und zu bewerten. Neben einer geschulten Geschmacks- und Duftwahrnehmung muss der Sommelier auch einen großen Erfahrungsschatz besitzen.

Die Geschmacks- und Duftstoffe in unseren Produkten

„Kunden kaufen erst die Marke, dann das Produkt" • Kaufentscheidungen werden aufgrund verschiedener Faktoren getroffen. Viele Menschen schwören auf Schokolade, Chips, Saucen oder Getränke ganz bestimmter Marken. Das liegt zum größten Teil an Geschmack und Geruch des Lebensmittels, aber auch daran, wie es verpackt ist, welche Werbestrategie eingesetzt wird und welche Stimmungen beim Genuss der Speise oder des Getränks ausgelöst werden. [→S.75/1]

→ 1 Was bestimmt das Einkaufsverhalten?

Bei Blindverkostungen von Limonade, Schokolade, Kaffee, Bier oder anderen Nahrungsmitteln verschiedener Marken kann man ganz schön „an der Nase herumgeführt" werden. Genießt man das Produkt nicht aus der typischen Flasche oder Verpackung und nicht in der typischen Umgebung, so kann man die Speisen oder Getränke nicht mehr so einfach unterscheiden. Die Entscheidung darüber, wie ein Produkt schmeckt, wird also nicht nur von den eigentlichen Geschmacks- und Geruchsstoffen hervorgerufen, sondern auch von Verpackung, Werbung und Zeitgeist mitbestimmt – die Geschmacksentstehung ist ein Gesamteindruck.

→ 2 Historische Reklame

Geschmacksverstärker

Die Entwicklung der Geschmacksverstärker • Nur wenige Menschen konnten zu Beginn des 20. Jahrhunderts mehrmals wöchentlich wohlschmeckende Mahlzeiten zu sich nehmen. Um die Speisen schmackhafter zu machen, wurden Geschmacksverstärker entwickelt. Diese enthalten verschiedene pflanzliche Eiweiße, Hefen, Salze sowie weitere Stoffe und häufig Natriumglutamat. Ende des 19. Jahrhunderts wurden von einem Lebensmittelhersteller zum ersten Mal Fertigsuppen hergestellt. Seit der Wende zum 20. Jahrhundert werden von vielen Unternehmen in großen Mengen Fertigsuppen und -gerichte produziert. [→ 2]

Convenience-Produkte • Der Trend zur schnellen Küche hat sich in den letzten hundert Jahren in vielen Haushalten verstärkt. Dadurch stieg die Nachfrage nach Gerichten, die man schnell zubereiten kann.

Viele Fertig- und Tiefkühlprodukte (Convenience-Produkte) sowie verschiedene Saucen, Chips usw. enthalten Geschmacksverstärker. Diese und andere Zusatzstoffe werden aufgrund möglicher gesundheitlicher Risiken zunehmend kritisch betrachtet. Geschmacksverstärker führen häufig dazu, dass man mehr isst, als für den Körper gesund wäre. Bei vielen Produkten wird dieser Effekt ganz gezielt zur Steigerung der Verkaufszahlen eingesetzt.

Kennzeichnung von Zusatzstoffen • Alle Stoffe, die in Lebensmitteln enthalten sind, müssen gekennzeichnet sein. Nach der Lebensmittelverordnung müssen diese auf der Verpackung ausgewiesen werden. Eine Zulassung erfolgt nur dann, wenn die Inhaltsstoffe gesundheitlich unbedenklich sind. Bei bestimmten Produkten gibt es allerdings Ausnahmen von der Kennzeichnungspflicht. Dazu werden in der Europäischen Union die E-Nummern verwendet. Nach ihren Eigenschaften und dem Verwendungszweck werden die über 300 Zusatzstoffe in verschiedene Gruppen eingeteilt. Zu diesen Gruppen gehören z. B.:

Gruppe von Zusatzstoffen	Beispiele
Süßungsmittel	E 951 Aspartam E 952 Cyclamat E 954 Saccharin
Geschmacksverstärker	E 621 Natriumglutamat E 622 Kaliumglutamat E 950 Acesulfam
Verdickungsmittel	E 406 Agar-Agar E 440 Pektin E 460 Cellulose
Farbstoffe	E 160 Carotine E 172 Eisenoxide E 175 Gold

→ **2** Die Suche nach Nahrung bestimmte das Leben unserer Ahnen.

→ **1** Kennzeichnung der Zusatzstoffe

Geschmack und Ernährung

Bedeutung der Geschmacksqualitäten • Die Geschmacksrichtungen erfüllen bei unserer Ernährung Aufgaben, die im Verlauf der Menschheitsgeschichte sehr wichtig waren. In früheren Zeiten mussten die Menschen aufgrund ihres eigenen Wissens und ihrer Sinneswahrnehmung entscheiden, ob bestimmte Pflanzen essbar und nahrhaft sind oder nicht. Auch bei tierischen Produkten und Trinkwasser musste die Genießbarkeit überprüft werden. Heute kaufen wir unsere Nahrung in Lebensmittelgeschäften und wissen, dass alle Produkte, die wir kaufen, als Lebensmittel verwendbar sind.

Allen Geschmacksqualitäten können bestimmte Aufgaben zugeordnet werden:

– Der süße Geschmack deutet auf zucker- bzw. kohlenhydratreiche Nahrung hin. Dieser Energiespeicher ist eine wichtige Nährstoffquelle.
– Der saure Geschmack zeigt, dass verschiedene Säuren in dem Stoff enthalten sind. Diese schützt vor einer zu großen Säureaufnahme und Störung des Säure-Basen-Haushalts.
– Der salzige Geschmack belegt, dass die Nahrung lebenswichtige Salze enthält. Der Körper benötigt diese Salze für den Ausgleich des Salzhaushalts. Die Salze müssen in der richtigen Menge und im richtigen Verhältnis vorhanden sein.
– Der bittere Geschmack deutet auf Bitter- bzw. Giftstoffe hin und hat somit eine Warnfunktion für den Menschen.
– Der Umami-Geschmack erfüllt durch die Wahrnehmung von bestimmten chemischen Stoffgruppen (Aminosäuren) und Salzen die Aufgabe, dem Menschen diese lebenswichtigen Stoffe schmackhaft zu machen.

Die besondere Bedeutung des Bittergeschmacks • In vielen Pflanzen sind teilweise giftige Substanzen – sogenannte Bitterstoffe – enthalten. Der bittere Geschmack warnt uns häufig vor diesen Giften. Als bitterster Stoff überhaupt ist die Wurzel des Gelben Enzians bekannt. [→ S. 77 / 1]
Bitterstoffe weisen ganz unterschiedliche chemische Strukturen auf. Deshalb können auch die Wirkungen vollkommen verschieden und schwer vorhersehbar sein. Da manche Bitterstoffe die Blut-Hirn-Schranke überwinden und das Bewusstsein verändern können, spricht man auch von pflanzlichen oder natürlichen Drogen.

→1 Gelber Enzian

→2 Fingerhut

→3 Tollkirsche

Gift- und Heilpflanzen • Im Mittelalter wurde die Naturheilkunde von HILDEGARD VON BINGEN und LEONHART FUCHS weiterentwickelt. Der dosierte und kenntnisreiche Einsatz der Pflanzenstoffe führte zur Erforschung und Herstellung einer Vielzahl von Medikamenten. Die Hersteller von natürlichen Arzneimitteln legen heute große Natur- und Kräutergärten an, um ihre eigenen Pflanzen verwenden zu können.

Ganz nach dem Leitsatz „Ein jedes Ding ist Gift, einzig die Menge macht, dass ein Ding kein Gift ist" (Paracelsus) finden sich fast alle Pflanzen, die in Giftfibeln oder -pflanzenbestimmungsbüchern stehen, auch in der Heilkunde und entsprechenden Lehrbüchern wieder. So wird z. B. Bitterelixier zur Regulierung der Magen-Darm-Tätigkeit angeboten.

Vorsicht beim Umgang mit unbekannten Pflanzen und Früchten! • Beim Umgang mit unbekannten pflanzlichen Stoffen ist höchste Vorsicht geboten – unabhängig davon, ob man sie im Wald oder im Garten findet. Insbesondere bei Kleinkindern kommt es nach dem Genuss von giftigen bunten Beeren, Samen oder anderen Pflanzenteilen immer wieder zu lebensgefährlichen Vergiftungen. [→ 2, 3]

Die Welt der Düfte

Maiglöckchenduft der Eizelle • Die weibliche Eizelle sendet einen Lockstoff aus, der dem Duft von Maiglöckchen ähnelt. Die Spermien besitzen Rezeptoren, mit denen sie genau diesen Duft wahrnehmen können. Der Maiglöckchenduft gibt ihnen die Richtung vor und beschleunigt zusätzlich ihre Geschwindigkeit. Es wird untersucht, ob sich diese Erkenntnisse auch bei Methoden zur Empfängnisverhütung oder der künstlichen Befruchtung einsetzen lassen. [→ S. 78/1]

Geschichte des Parfüms • Duftstoffe und -beigaben haben eine lange Geschichte. In antiken Hochkulturen galt der Wohlgeruch von Blüten, Ölen und Harzen als Ausdruck von Schönheit. Duftstoffe wurden bei der Salbung von Verstorbenen und als Grabbeigabe verwendet. Erst seit der Erfindung der Destillation spricht man von Parfüm. Zu Zeiten des französischen Sonnenkönigs Ludwig XIV. im 17. Jahrhundert wurde der Körpergeruch vollständig mit Parfüm übertüncht. Dafür nahm LUDWIG in vier Jahren nur ein einziges Bad.

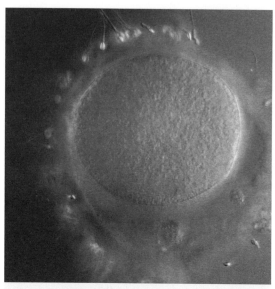

→ 1 Maiglöckchenduft

→ 2 Parfümhändler – historische Darstellung

Betörender Duft • Die Schweißdrüsen unter den Achseln von Männern produzieren unter anderem Moschusduft. Moschusduft wird in größeren Mengen als äußerst unangenehm empfunden, kann jedoch in geringeren Mengen auf Geschlechtspartner eine stark anziehende Wirkung entfalten. Die Erkennungsschwelle für Moschusduft ist bei Frauen während der Zeit des Eisprungs deutlich herabgesetzt. Moschusduft wird bereits so vielen Parfüms und Kosmetikartikeln zugesetzt, dass man diesen Stoff in Gewässern nachweisen kann. Moschusextrakt kann aus den Drüsen des Moschushirsches gewonnen werden und wird auch in der traditionellen chinesischen Medizin verwendet.

Duftstoffe in Hygieneprodukten • In Artikeln wie Zahnpasta, Sonnencreme, Schuhcreme oder in Reinigungsmitteln sind Duftstoffe enthalten, die positive Geruchsempfindungen auslösen sollen. Manche Unternehmen werben damit, dass sich durch Verwendung ihrer Produkte zur Verbesserung des Raumklimas bereits beim Betreten der eigenen Wohnung ein ganz besonderes „Zuhause"-Gefühl einstellt.
Diese Duftstoffe können jedoch auch gesundheitsschädliche Wirkungen haben. Deshalb wird immer wieder vor übermäßigem Einsatz von Duft- und Aromastoffen oder Räucherstäbchen im eigenen Zuhause gewarnt.

Angenehmer Duft liegt in der Luft • Um positive Empfindungen auszulösen und die Fantasie zu beflügeln, werden Düfte oft zu Verkaufszwecken eingesetzt. Neu- und Gebrauchtwagen werden mit duftenden Pflegemitteln behandelt, um eine frische und angenehme Umgebung zu gestalten. Dienstleistungsunternehmen bieten an, in Büroräumen durch Reinigung und Duftbehandlung ein besseres Arbeitsklima zu schaffen. In öffentlichen Bars, Clubs und Diskotheken werden gezielt Duftstoffe eingesetzt, um bestimmte – der Musik angepasste – Stimmungen und Gefühle auszulösen.

Register

Aas 68
Aasfliege 68
Adaptation 59
Aerophone 40
Alltagsgeruch 56
Ameise 67
Ameisenstaat 67
Amplitude 17, 19
Anosmie 61
Anpassung 59
Aroma 74
Aromastoff 74
Assoziationsfeld 8
Audiometrie 22
Audioprogramm 12
Außenohr 19

Biene 67
bitter 54
Bitterelexier 77
Bitterstoff 76
Blindverkostung 75
Blut 69

Cajón 45 ff.
Capsaicin 59
Chemorezeptor 66 f.
Chladni-Figur 39
Chordophone 40
Convenience-Produkt 75

Delfin 30
Devilchaser 43
Differenzierungs-
    fähigkeit 65
Droge 76
Duft 56, 70
Duftstoff 57, 60, 65, 67, 78
Dur-Tonleiter 38

E-Nummer 75
Echo 31
Eigengeruch 61
Einsatz von Hunden 66
Elektrophone 40
Empfindung 58
Entdeckungsschwelle 58 f.

Fellklinger 40
Fenster, ovales 20
Fernsinn 8, 57
Fisch 32 f.
Fledermaus 69
Fliege 66 f.
Fremdgeruch 61
Frequenz 17 f., 24, 31, 37 f.
Frequenzbereich 23
FSME-Erkrankung 69

Gehör, menschliches 39
Gehörknöchelchen 19 f.
Gehörschutz 22
Geräusch 37
Geruch 48, 57 f., 61
Geruchsempfinden 65
Geruchs-
    empfindlichkeit 65
Geruchsschwelle 58
Geruchssinn 56 f., 61, 66
Geruchswahrnehmung 59
–, subjektive 60
Geschmack 48, 53, 57 f.,
    76
–, scharfer 59
Geschmacksbahn 57 f.
Geschmacksknospe 53 f.
Geschmacksqualität 54,
    76
Geschmacksschwelle 58
Geschmackssinn 53
Geschmackssinneszelle 53
Geschmacksstoff 54, 57,
    70
Geschmacksverstärker 75
Geschmackszelle 57
Geschmackszone 54
Giftpflanze 77
Grundton 38, 41
Guiro 44

Hai 69
Halbtonschritt 38
Heilpflanze 77
Hitzereiz 59
Hörbereich 18
Hörgerät 21
Hörnerv 20
Hörschaden 21
Hörschwelle 23, 25

Hörschwellen-
    diagramm 22
Hörsinn 58
Hörsinneszelle 20
Hörvermögen 22
Hund 65
Hundenase 65

Idophone 40
Informations-
    verarbeitung 8 f.
Infraschall 18
Inhaltsstoff 75
Innenohr 19 f.
Insekt 33, 66
–, soziales 67

Kauvorgang 53
Kehlkopf 29, 33
Kehlkopfklang 29 f.
Kennzeichnungspflicht 75
Klang 34, 37 f.
Klangerzeugung 40
Klick-Klack 43
Konsonant 30
Körpergeruch 60
Korpus 41

Längswelle 42
Lärm 14, 22
Lärmometer 25
Lauterzeugung
    im Tierreich 32
Lautstärke 22, 37
Lautstärkepegel 23 f.
Lebensmittel 74
Liegezeit der Leiche 68
Luftklinger 40
Luftröhre 29
Lufttrommel 45

Made 68
Maiglöckchenduft 77
Meeressäuger 31
Membranophone 40
Menschenaffe 33
Mikrofon 17
Mittelohr 19 f.
Monarchfalter 67
Moschusduft 78
MP3 24
Musikinstrument 37,
    40, 43

Nahsinn 8, 57
Nase 55 f.
Naturheilkunde 77
Nervensystem 9
Nervenzelle 8
Normalhörigkeit 21

Oberton 41
Ohr 19, 22 f.
–, menschliches 19
Ohrmuschel 19
Oktave 38 ff.
Ordnung der Töne 38
Orgel 42

Papierwespe 67 f.
Papille 53
Parfüm 77
Pendel 17
Periodendauer 17
Pfeife 42
Pheromon 67
Prägung 60
Primärgeruch 56
Primat 32

Quinte 41

Rassel 45
Reichweite 3
Reiz 8
Reizart 8
Reizaufnahme 8
Reizstärke 8
Resonanz 41
Resonanzraum 30, 33
Rezeptor 8 f.
Rezeptorproteine 54
Riechbahn 58
Riechen 60
Riechkolben 58
Riechschleimhaut 56, 61,
    65
Riechstörung 61
Riechtraining 61
Riechvermögen 55
Riechzelle 57, 65

Saitendicke 41
Saiteninstrument 39
Saitenklinger 40
Saitenlänge 41
Saitenspannung 41
Salz 76
salzig 54
sauer 54
Säugetier 32 f.
Schallbelastung 22
Schalldämmung 22
Schalldruck 23
Schallempfindungs-
　störung 21 f.
Schallintensität 23 f.
Schallleitungsstörung 21
Schallpegel 22 f.
Schallpegelmessgerät 14
Schallquelle 17, 23, 39
Schärfe 59
Schärfegrad 60
Schlüssel-Schloss-
　Prinzip 57
Schmecken 48

Schmerzrezeptor 59
Schmerzschwelle 25
Schmetterling 67
Schnecke 20
Schweißdrüse 78
Schwerhörigkeit 22
Schwingung 17
Schwingungsbild 17, 37
Schwingungsrichtung 42
Scoville-Skala 59 f.
Sehsinn 58
Seidenspinner 67
Selbstklinger 40
Signalwandler 17, 20
Sinn, chemischer 57 ff., 66
Sinneseindruck 9, 59
Sinnesorgan 8
–, chemisches 48
Sinneswahrnehmung 9
Sinneszelle 53
Sklaventreiberameise 67
Sommelier 74
Sonarsystem 30
Stereofonie 24
Stimmanalyse 28

Stimmapparat 29, 32 f.
–, menschlicher 26, 29
Stimmenanalyse 29
Stimmenvergleich 28
Stimmlippe 29, 33
Streichinstrument 40
süß 54
Süßstoff 54

Täuschung 9
Terz 41
Tier 30
Ton 17, 29, 34, 37 f.
Tonhöhe 37, 39
Tonkurve 29
Tonumfang 39
Totengräber 68
Trommelfell 19 f.
Trüffelschwein 66

Ultraschall 18
Ultraschallbereich 31
umami 54, 76
Umwelteinfluss 9

Vampir 69
Vampirfledermaus 69
Verstärkungs-
　mechanismus 65
Vogel 32
Vokal 30

Wahrnehmung 9
Wal 30
Wanderwelle 21
Windharfe 37
Windspiel 44
Wolf 31

Zecke 69
Zeichensprache 33
Zunge 53
Zusatzstoff 75 f.

Bildquellen

akg-images: 76/2 | Andreas Buck, Dortmund: 73/3 | Archiv Cornelsen Verlag, Berlin: 15/2, 17/1–2, 40/1, 49/1, 501–3, 72/2, 75/1–2, 76/2, 54/2, 78/2 | Bildart, Hohenneuendorf/V. Döring: 11/1, 13/1, 14/1, 35/1, 39/2, 40/3, 55/1–2, 71/1 | Biosphoto/Vincent Jean-Christoph: 67/2 | blickwinkel/ J. Meul-Van Cauteren: 17/3, Schmidbauer: 32/2 | ClipDealer.com/Carmen-Steiner: 71/2, Emu: 70/1, LifeOnWhite: 65/2 (Mops) | corbis: 34 | corel: 74/1 | Digitalstock.de/M. Müller: 66/1, M. Wiese: 36/3, M. Zahrl: 68/2, Sport Moments: 65/2 (Schäferhund) | Dreamstime.com/Fertographer: 68/1 | f1online 73/1, Constant/Wallis: 66/7 | Festival del Cajón Peruano: 47/4 | fotolia.com: Andreas Gradin: 2, US (Catfish), Andreas Meyer: 30/2, Comugnero Silvana: 70/4, corepics: 64/3, crimson: 66/2, fivespots: 3. US (Klapperschlange), Frog 974: 5/2, godfer: 61/2, id-foto.de: 61/1, Kanu sommer: 77/3, Kathrin39: 1, Klaus Ihe.: 40/2, lanych: 5/6, laurent hamels: 10/3, MarcoBagnoli Elflaco: 70/3, Olena Sokalska: 5/4, PHB.cz: 1, qualitätsgrafik: 74/2, Sebastian Engels: 66/3, Vulkanisator: 3. US (Waran), Wißmann Design: 66/4 | Frenzel,V.: 31/1 | Getty images/Gerard Brown: Titel (gr. Bild) | GNU-FDL/37/3, 68/6, Acatenazzi: 69/1, Bernd Haynold: 77/1, Chris huh: 64/1, Dürrschnabel, M.: 37/2, Hamale Lyman: 52/3, Haplochromis: 77/2, Mdf: 3. US (Streifenhörnchen), Muhammad Mahdi Karim: 68/3, Pterantula: 69/2, US Navy: 21/2, Waugsberg: 62/1 | Hermes, B./Stuttgart: 11/2, 13/2, 43/2–3, 44/1 | iStockphoto.com/Alexander Klemm: 66/6, Andrew Howe: 10/2, Arpad Benedek: 36/2, Chris Schmidt: 10/1, Chris Williams: 5/3, Craig Dingle: 32/1, Creativeye99: 60/1

(Jalapeno), DigitalDonkey: 60/1 (Serrano-Paprika), Heike Potthoff: 69/3, HQPhotos: 60/1 (Thai-Paprika), Joe McDaniel: 66/5, JPecha: 60/1 (Gemüse-Paprika), katkov: 48, Lee Sutterby: 2. US (Lachs), magnetcreative: 60/1 (Habanero), Morgan Lane Studios: 26, seraficus: 69/4, Siniša Botaš: 5/5, SPrada: 67/3, Suzifoo: 60/1 (Pasilla), Teresa Gueck: 3. US (Strumpfbandnatter) | Knorr/j. brettschneider: 56/1 | Kulturphonie e.V., Berlin: 47/3 | mauritius images: 3, 73 | medicalpicture: 20/2, RED: 52/1 | mindbodyspirit.me: 60/2 | Mondini, Lucio: 40/6 | Nilsson, L., Stockholm: 78/1 | Okapia: 67/1 | picture alliance/dpa: 9/1, 68/5, ZB: 41/3 | Picture Press/Dietmar Nill: 18/2 | pixelio.de 27/2, Angelika Wolter: 33/3, Dieter Schütz: 40/5, Ernst Rose: 33/2, Hans Georg Staudt: 33/1, Konstantin Gastmann: 62/2, M.E.: 9/2, Robert Eichinger: 63/1, roberta M.: 65/2 (Boxer), Thorsten Freyer: 51/1, wandersmann: 31/2, wrw: 60/1 (Chili) | project photos: 2. US (Schnecke), 5/1, 18/4, 40/4, 54/3 | Reinhard, Heiligenkreuzsteinach: 2. US (Flussaal) | Schlagwerk: 47/2 | Schmidt-Landmeier, Arend: 46/1 | Seatops.com: 70/2 | shutterstock/Andrey Yurlov: Titel (kl. Bild) | SpeechRecorder/Christoph Draxler: 27/1 | SPL/Agentur Focus/ British Antarctic Survey: 18/3, Gschmeissner, S.: 20/4, Roberts: 19/2 | Thomas, H., Strehla: 2. US (Polyp) | Universitätsklinikum Heidelberg: 21/3 | vario-images.com: 43/1 | wald-laeufer.de: 63/2 | Waterframe: 2. US (Grottenolm) | Wildlife/Harms: 73/2, R. Nagel: 68/4 | Wurzelrudis Kräuterwelt, Eibenstock: 72/3 | www.auhofcenter.at: 72/1 | www.schneider. de: 78/3.